陀飞轮揭秘

手表上的华尔兹

曹维峰 / 编著

化学工业出版社

·北京·

机械手表既是实用的计时工具，又是精密的工艺品。

陀飞轮是机械手表中最经典的技术，也是一种高精尖技术，可以最大程度地均衡地心引力与机芯相对位置和角度的改变对走时造成的影响，保证走时准确。陀飞轮代表了国际制表业最先进的技术实力和发展潜力。

陀飞轮同时还是名贵的象征，相同的表款，有陀飞轮装置的，价格可以高出数倍。

本书较为全面地介绍了陀飞轮的基础知识以及各大品牌的陀飞轮技术及产品。主要内容包括：陀飞轮基础知识、经典陀飞轮、飞行陀飞轮、卡罗素、双陀飞轮、行星陀飞轮、多轴陀飞轮。可供对手表感兴趣的一般读者和从事手表相关工作的人员学习参考。

图书在版编目（CIP）数据

陀飞轮揭秘：手表上的华尔兹／曹维峰编著 . —北京：
化学工业出版社，2016.10（2023.2重印）
ISBN 978-7-122-27999-6

Ⅰ.①陀… Ⅱ.①曹… Ⅲ.①机械手表-介绍-世界
Ⅳ.①TH714.521

中国版本图书馆CIP数据核字（2016）第212447号

责任编辑：贾　娜　　　　　　　　　装帧设计：溢思视觉设计／宋绘昱
责任校对：边　涛　　　　　　　　　　　　　　E-mail: isstudio@126.com

出版发行：化学工业出版社（北京市东城区青年湖南街13号　邮政编码100011）
印　　装：北京虎彩文化传播有限公司
710mm×1000mm　1/16　印张 11½　字数 178 千字　2023年2月北京第1版第11次印刷

购书咨询：010-64518888　　　　　　　　售后服务：010-64518899
网　　址：http://www.cip.com.cn
凡购买本书，如有缺损质量问题，本社销售中心负责调换。

定　价：68.00元

序
与陀飞轮共舞

好友曹维峰曾是天津海鸥表业集团有限公司的技术新晋，专事陀飞轮多年，2016 年自立门户成立了天津精诚拓飞科技有限公司，专注于机芯开发。曹先生读研期间写出了中国唯一的专研"陀飞轮"的硕士论文——《陀飞轮机械表的分析与改进》，我曾在网上断续拜读。就其涉及的广度和深度，已接近博士论文，因而显得高深晦涩。现在出版的《陀飞轮揭秘：手表上的华尔兹》一书，比他的论文写得更为通俗，深入浅出，我建议对机械手表有兴趣的非专业人士也不妨一读。针对陀飞轮能写出近七万字的"中篇小说"，就我所知，古今中外前无来者。曹先生入职海鸥时刚好赶上表坛上的陀飞轮热潮，与生俱来的使命感使他沉迷于将这项怀表技术复苏于中华大地。

陀飞轮是宝玑大师众多发明中最令人激赏又匪夷所思的一项，目的是避免万有引力对擒纵机构的干扰而造成怀表的走时误差。但进入手表年代，由于材料的改进和加工精度的提高，普通擒纵的准确性已大为提高，更重要的是，随着手腕的自由甩动，地心吸力对擒纵不同方位的影响已经模糊，陀飞轮在手表上的实用性逐渐受到质疑。因此在玩表的圈子里，陀飞轮一直是个颇有争议的话题，成为收藏两派的楚河汉界。河的这一边，是钟情于机芯优美的唯美派，特别迷恋擒纵上的华尔兹；而界的那一边，是注重效用和精准的实用派，拒绝上手陀飞轮。观点的分歧并不能证明谁的错对，这两派都有非常资深的收藏家。

世界上很多事物都是为了满足人的物质需求而产生或发明，但到后来却往往蜕变成只满足精神层面的装饰，这是人和动物的区别。比如西装或裙子，保暖的诉求已经微乎其微。

同样道理，陀飞轮为精准而生，却为美丽而活。过分根究她的实用功能其实是一种没有充分进化的动物思维。藏表里没有一块陀飞轮，也真的有点没趣。

　　归根到底，拒绝陀飞轮的理由大概有两个：一是无用，二是太贵。但"贵而无用"从来都是奢侈品的特征。腕表是奢侈品，陀飞轮才是标签，要想炫，就是这一点。曹先生的这本书也无法改变陀飞轮"无用"的命运，却使陀飞轮变得更加"有趣"。

　　既然陀飞轮对精确无助，就只能向优美发展。曹先生在他的新书中将陀飞轮的舞动比喻为华尔兹，很传神，都是踏着优雅节奏的回旋。十几年前我在维也纳金色大厅欣赏过原汁原味的华尔兹，金碧辉煌的穹顶，尊贵华丽的服饰，急缓疾徐的舞步，维也纳爱乐乐团的现场伴奏，烘托出华尔兹的高贵和妙曼。但是，如果将这种皇家舞蹈搬到乡间的晒谷场，长裙席卷尘土，赤脚夹着泥巴，高音喇叭吵嚷着跑调的录音，会是怎样的图景？所以，也很难想像一个美轮美奂的陀飞轮放在没有打磨的机芯上舞动，这样不但不美，还会很丑。没有黑绒布的衬托，白珍珠的成色就会大打折扣。我曾打趣地跟曹先生说，国产的华尔兹使我想起晒谷场的土风舞。

　　怀表年代的陀飞轮存世几稀，能拍出天价，是囿于当时的手工条件而显出高超的制作难度。但进入 CNC 年代，却难不倒开车床的学徒。因此，当代陀飞轮的难点并不在制造，其价值集中体现在创意和设计，这其实也是"无用"派捂住钱包的另一个理由。但在一个靠创新推动的年代，我们理应不吝为想象力买单。如果想象力不值钱，硅谷早就改种葡萄了。

　　陀飞轮的世界其实很精彩，永远都有大师前仆后继、殚精竭虑地推出结构非凡、律动优美的陀飞轮，也永远有表迷义无反顾为"无用"的奢侈喝彩买单！我希望曹维峰先生能做出更多令表迷眼动和心动的陀飞轮，上演更美妙的华尔兹，为此，我愿终生等待！

前 言

　　我从 2003 年开始从事陀飞轮技术的研发工作至今已经十年有余，恰逢陀飞轮技术飞速发展的十几年。国际上的新型复杂款陀飞轮层出不穷，如双陀飞轮、行星陀飞轮、立体旋转陀飞轮等。在这十几年中，我通过各种渠道积累了丰富的陀飞轮知识，并把自己解读出来的陀飞轮知识汇总出来写成技术文章，通过各种媒介分享给对陀飞轮痴迷而又充满迷惑的朋友们。这本书的内容包含了我于 2009 ～ 2015 年写过的所有陀飞轮技术文章，从策划到整合完成历时两年多的时间。编写期间，我把书稿交给多位朋友阅读，获得了很多建设性的意见，并经过了多次修改，尽可能满足更多有需求的读者阅读学习，让读者更系统地了解陀飞轮的奥秘所在。

　　本书以陀飞轮的基础知识开篇，根据陀飞轮结构的不同，将其划分为六大类：经典陀飞轮、飞行陀飞轮、卡罗素、行星陀飞轮、双陀飞轮和多轴陀飞轮。陀飞轮的基础知识可以让读者了解到一些关于陀飞轮的常识。随后讲解每一种陀飞轮类型的章节都会先把此类型陀飞轮的基本特征交代清楚，再以知名品牌推出的本类型陀飞轮作为经典案例来讲解。这样可以让读者对陀飞轮先认识再认知，循序渐进地产生兴趣。为了能让没有机械表相关知识储备的读者不致一头雾水，书中特别安排了"知识链接"栏目。

　　在此，感谢刘连仲高级工程师和周文霞总工程师在这十余年里对我的培养，把我领进了陀飞轮技术的领域，才有了我如今取得的成绩。还要感谢靳世久博士生导师在我进入天津大学进行工程硕士深造期间给予的指导和帮助。最后，特别感谢在本书编写过程中给我提供很多帮助与建议，并与我一起奋发图强、同甘共苦，创建"精诚拓飞"独立制表工作室的伙伴们：李健、王晨、张树玺、张颖、齐晓希、李峥、刘江、王鹏、渠峰岚、刘杰、田学堃、姚鹏、贾学伟、崔靖轩、李杨、杜宇、周鹏、白玉君、邹树林、尹春燕、赵保东。

希望喜欢陀飞轮的读者在阅读中可以收获知识，更加了解陀飞轮并热爱机械表的独特魅力。如果大家看过此书后有任何问题，可以与我联系。特别感谢资深表友陈麟琪帮助检查书稿。

目 录
CONTENTS

第 3 章 飞行陀飞轮——无需支架 漂浮旋转

第 4 章　卡罗素——偏心旋转 摆轮游丝

第 5 章　行星陀飞轮——犹如卫星一样运动

第 6 章　双陀飞轮——两轮并设 协作计时

第 **7** 章　多轴陀飞轮——立体旋转多维运动

第1章

陀飞轮基础知识

1.1 什么是陀飞轮

　　传奇的法国制表大师阿伯拉罕·路易·宝玑 (Abraham Louis Breguet) 打破了传统的计时原则，将原先固定不动的调速机构放置于可以旋转的框架内。这在当时以怀表为常用计时工具的年代是个非常伟大的发明：由于怀表长时间被竖向放置，其内部的走时核心——调速机构会受到地球引力的影响，导致手表位置误差，直接影响表的走时精度。宝玑先生利用他多年的制表经验，一针见血地把调速机构转动起来，这样不同方位的位置误差自相抵消，使得带有陀飞轮装置的表走得更精准。而陀飞轮翻译自法语 Tourbillon，为急速旋转之意，这个名字也从另一层面体现了宝玑大师发明它的真谛。

1.1.1 诞生背景

　　高精确度是手表发展几百年以来制表师们永无止境追求的目标。18 世纪海上强权主宰世界，航海钟对精准度苛求，这使得钟表制作开始了大步飞跃。这个时期的重要发明有极为精密的冲击式擒纵机构、被普遍使用的温度自补偿螺钉摆轮以及抗地心引力的陀飞轮装置等。其中，陀飞轮最负盛名，并且对表迷们有一股无法抗拒的吸引力。陀飞轮自 1795 年发明至今仍能经久不衰，甚至有声势地位逐年高涨的趋势，其原因就在于陀飞轮的发明人宝玑大师的辉煌成就、困难的手工制作、技术方面的垄断和

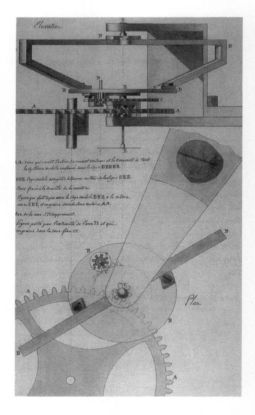

图 1-1　陀飞轮装置图

厂商炒作等因素。但是，更重要的原因是这二百多年以来，陀飞轮那被人津津乐道、充满了传奇色彩的发展历程。

1801 年 6 月 26 日，宝玑大师从巴黎专利局获得一项为期十年的新型时计擒纵机构专利，这个新擒纵机构就是所谓的陀飞轮装置。不过根据专家研究，其实宝玑早在 1795 年便已经构思出这项发明，其后经过多年实际制作，并且以数月的时间准备了一份附有该装置水彩图的完整申请书，陀飞轮才得以正式问世。图 1-1 所示为宝玑于 1801 年申请专利时在申请书里所附的陀飞轮装置图。

这个为了抵消地心引力的影响从而提高手表精确度的新颖装置，光是构思出运转原理与机械结构，就足以说明宝玑先生傲人的制表天赋，不过陀飞轮的制作难度对他来说仍然极富挑战性，所以产量稀少。陀飞轮的制作难度，在当时高居各项手表功能之冠，这也使它生来便价值连城。宝玑的第一款陀飞轮表直到 1805 年才问世，距离其想法出现已经过了十年。而普通大众也直到 1806 年巴黎举行的全国商品展览会上，才得以一睹陀飞轮的庐山真面目。从 1805 年到 1823 年宝玑大师去世为止，总共售出 35 只陀飞轮表。正是由于宝玑大师的努力，陀飞轮才得以逐步发展，书写下手表史上最灿烂辉煌的一页！

19 世纪初的陀飞轮表纯粹是功能取向，与宝玑创制陀飞轮的初表一样，只为了让垂直放置在口袋里的怀表走得更加精准，因此在框架及夹板设计上并不是特别注重美观，也很少与其他复杂功能共同制作在同一只表中（报时、万年历等其他复杂功能经常会出现在超复杂功能表里）。图 1-2 为制作于 1830 年的一分钟陀飞轮怀表。那时仍在陀飞轮的启蒙阶段，能够制作此结构的制表师很有限，所以当时的陀飞轮产品相当罕见，能够流传到今天的更属凤毛麟角。

图 1-2　制作于 1830 年的一分钟陀飞轮怀表

图 1-3　制作于 1900 年的 一分钟陀飞轮机芯

　　1850 年以后，瑞士最有名的两位陀飞轮制表师就是奥古斯特 • 格雷特（Auguste Grether）和欧内特 • 金兰德（Ernest Guinand），他们的作品大部分装置在其他品牌的表里面。他们的作品极有特色，首先是陀飞轮的框架已经摆脱了宝玑时期单调的双臂式和以功能为主的雏形，而进入了工艺品的阶段。他们不但使得框架形式美观，而且重视外观的雕琢打磨。Guinand 最有名的作品是一系列提供给芝柏（Girard-Perregaux，GP）三金桥机芯的陀飞轮结构，这系列作品堪称陀飞轮史上的一次重大变革，它不但结合了富有逻辑性的桥板以及机械结构，而且具有赏心悦目的艺术风格。图 1-3 为制作于 1900 年的一分钟陀飞轮机芯。

1.1.2 宝玑大师

　　阿伯拉罕 • 路易 • 宝玑（1747—1823），见图 1-4，生于瑞士纳沙泰尔（Neuchatel）。自 17 岁起，他在巴黎开始制造钟表。不久，他因过人的才华和超强的发明能力崭露锋芒，获得当时的文艺倡导者法国国王路易十五的赏识。1775 年，宝玑在巴黎开设第一间钟表店。由于他拥有渊博的机械知识，精通钟表特点并在制作技术上独具过人天分，依靠丰富的想象力创造出了一件件动人的优秀作品。宝玑设计及制造的钟表产品非常多元化，涵盖了手表、航海天文钟及钟。

宝玑在钟表业的各类技术领域（内部的机芯和外观装饰）都取得了优异的成绩，从以下内容可见一斑。

· 1780 年推出了自动腕表（Perpetuelle）；

· 可以大大减少自鸣表阔度的鸣钟弹簧；

· 第一个腕表防震装置（Pare-Chute），使得调速系统可以得到很好的保护，从而不再那么容易受损，性能更加可靠；

· 不断改良的杠杆式或圆筒擒纵装置；

· 宝玑设计的时分针造型在指针末端处有镂空圆点，被称为 Pomme（法语，英文词义是 apple- 苹果）时针，后来干脆被称为宝玑针；

· 在珐琅盘表面上装饰优雅的数字；

· 设计了自腕表面世以来最纤薄细致的黄金表壳，壳体以及白银面的纹饰皆用手工精心雕琢而成。

宝玑 77 岁辞世。他所取得的诸多成就，不但在他在世的时候获得广泛推崇，时至今日，他仍被公认为是有史以来最伟大的钟表制造家和钟表天才。宝玑一生重要的发明包括：陀飞轮（tourbillon），摆轮挑框游丝（the Breguet hairspring），宝玑恒动力擒纵机构（the Breguet constant for escapement），以及三问表的报时打簧机构（the spring for minuteyepeater）等，这些卓越的设计均为今日钟表界带来了深远的影响和卓越的贡献。

图 1-4 宝玑大师肖像

宝玑大师虽然成名于两百年以前，但是他对于世界制表业的影响力是不可估量的。他就像一位导师，引领着每一位对制表有理想、有抱负的学生逐步进入他的制表理念当中，从而被那种无尽的创造力深刻感染，这就是传承的最佳表现方式。我想，作为一名机芯设计师，首先必须具备的素质是，把自己的精神世界与宝玑大师的创新思维尽量靠近，甚至是对接。只有这样，才能够真正体会到宝玑大师在当时是如何做出那么多伟大的发明创造，领悟出他的动力源何在。同时，宝玑大师对细节的精益求精，也是我们必须要传承的一种素质。

1.1.3 技术背景

　　随着微机械加工技术的发展，人们已经开始关注和处理各种细节问题，最大限度地提高手表的计时精度。这些细节问题中，因地球引力所导致的手表位置误差最不容易解决。所谓位置误差（简称位差），是指手表机构方位改变所引起的日差变化，它是手表在满条时各所测位置（面上、面下、柄上、柄下、柄左）瞬时日差差值的最大值。重力对手表计时精度的影响主要有以下几个方面。

（1）摆轮游丝系统不平衡

　　即摆轮游丝系统的重心与摆轴的轴心不重合。

　　通常摆轮游丝系统的质量绝大部分集中在摆轮本身，摆轮的厚度与直径相比要小很多，所以摆轮游丝系统不平衡时，可以认为重心的偏离（即偏心）就发生在摆轮厚度的对称面内。由于系统的偏心会直接影响摆轮的摆动周期，使得摆动周期会产生一定的附加值，当附加值为正时，周期增大，手表走时变慢；反之，当附加值为负，周期减小，手表走时变快。虽然可以通过调整摆轮游丝系统的平衡来减少系统不平衡对周期的影响，但是理想摆轮是不可能被制造出来的。

（2）游丝固定点重力效应

　　即游丝重心对周期的影响。

游丝在展缩时并不能保持阿基米德螺线的形状，而是很复杂的轨迹变化。当摆轴垂直放置时，游丝重心对摆轴的力只能产生很小的摩擦力，周期不会受到太大的影响；当摆轴水平放置时，游丝重心对摆轴的力会产生较大的摩擦力，周期一定程度上就会受到影响，导致计时误差。

（3）摆轴变换平立位置的振幅变化

当摆轴垂直放置时，它的轴颈端面和轴承接触；水平放置时，它的轴颈外缘和轴承接触。前者的摩擦力小于后者，这就造成摆轴垂直放置时的摆轮振幅比水平放置时高，计时误差就这样产生了。

由于受固有的内在规律限制，人们不可能完全保证游丝和摆轮的重心不变，控制摆轮和游丝的偏心从技术上来讲有一个极限，很难从根本上解决它们。在这样的背景下，制表大师宝玑发明了陀飞轮技术，这项技术从工作原理上解决了手表的位差问题。

1.1.4　理论基础

陀飞轮技术虽然诞生于几百年前，但是它的技术理念确实是很先进的。笔者通过对陀飞轮技术的研究，逐步摸索到了它的理论基础。实际上，陀飞轮的结构本身就是《机械原理》中提到的周转轮系中的行星轮系。行星轮系的特点正是陀飞轮所表现出来的自转与公转的运动方式。我们参考宝玑大师发明的陀飞轮构架图（图 1-1）可以看到，摆轮游丝系统处于陀飞轮框架的中心位置，在它的正下方有个被固定在基板上的秒轮片作为行星轮系的"太阳轮"，擒纵机构在框架的带动下围绕框架的轴心线公转，特别是作为行星轮的擒纵轮齿轴与作为"太阳轮"的秒轮片连接，既自转又公转。

知识链接 —— 擒纵机构和摆轮游丝系统

1. 擒纵机构

擒纵机构作为机械表的"灵魂"，其地位始终是不可忽视的。杠杆式擒纵机构已经被运用了数百年，其技术结构与制作工艺都已经非常成熟。

1.1 发展史

机械钟表诞生至今 700 多年的发展历史中，钟表大师们发明了很多种类的擒纵机构。

·14 世纪在欧洲出现了早期的擒纵机构"机轴擒纵机构"(verge escapement)。

·17 世纪后期发明的使用在摆钟里的"回退式擒纵机构"(recoil escapement)。

·18 世纪早期由英国人格林汉 (George Graham) 发明的"直进式擒纵机构"(deadbeat escapement)。

·18 世纪应用于怀表的"工字轮擒纵机构"(cylinder escapement)、"镰钩式擒纵机构"(virgule escapement) 和"复式擒纵机构"(duplex escapement) 等。

·18 世纪中期由英国人 Thomas Mudge 发明的"杠杆式擒纵机构"(lever escapement)，"冲击式擒纵机构"(detent escapement)。

目前，在这些种类繁多的擒纵机构当中，使用最普遍的是由英国人 Thomas Mudge 在 18 世纪中期发明的杠杆式擒纵机构（见图 1-5）。

图 1-5　杠杆式擒纵机构

1.2 "灵魂"

擒纵机构是机械钟表中介于"传动机构"(一轮到四轮) 和"调速机构"(摆轮游丝) 之间的一种机械结构。擒纵从字面上很容易理解：一擒、一纵，一收、一放。这一收一放的 "擒纵机构"是机械钟表的灵魂，因为它在机械钟表中具有两个至关重要的作用：

第一，擒纵机构将原动系统提供的能量定期地传递给摆轮游丝系统来维持该系统不衰减地振动；

第二，擒纵机构把摆轮游丝系统的振动次数传递给指示装置来达到计量时间的目的。因此，擒纵机构的好与坏将直接影响机械手表的走时精度。

1.3 杠杆式

杠杆式擒纵机构（见图1-6）主要由擒纵轮、擒纵叉和双圆盘三部分组成，它的特点是利用擒纵轮齿与擒纵叉上的叉瓦在释放与传冲的过程中将原动系统输出的能量传递给擒纵叉，同时擒纵叉口又会与圆盘钉相互作用，擒纵叉通过圆盘钉将来自擒纵轮输入的能量传递给摆轮游丝系统。通过这一系列的杠杆原理，摆轮游丝系统源源不断地得到原动系统输出的能量以维持该系统不衰减地振动，从而完成机芯指示装置准确走时的使命。

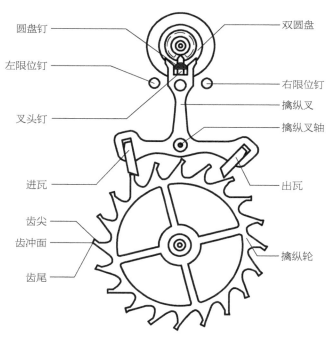

图1-6 杠杆式擒纵机构图

1.4 直马擒纵叉

杠杆式擒纵机构被形象地称为"马式擒纵机构"。所谓"马"指的是擒纵叉（马仔），也意味着这种擒纵机构的擒纵叉像匹骏马在飞奔。我们经常见到的擒纵叉属于直马式，见图1-7，其各位置的特征是：

A 位置是与基板相对应的宝石轴承相配合的叉轴轴尖。

B 位置是与控制夹板相对应的宝石轴承相配合的叉轴轴尖。

C 位置是擒纵叉，它的形状是被特别设计的，好似一个反写的"T"字，上面的位置被称作叉头，用来镶嵌叉头钉 G，而 F 是个方槽，此位置是为了用来与圆盘钉碰撞得到驱动力而特别设置的。

D 位置是进瓦，它的作用就是负责锁定与释放擒纵轮齿，同时也是与擒纵轮齿碰撞将能量传递给擒纵机构来完成整个机构的半个周期动作。

E 位置是出瓦，它的作用基本上与进瓦是一样的，只是此时擒纵轮齿碰撞将能量传递给擒纵机构来完成整个机构的另外半个周期动作。

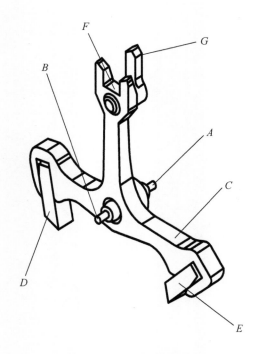

图1-7 直马擒纵叉

2. 摆轮游丝系统

摆轮游丝系统是机械手表的核心部分，其作用是计时的基准。机械手表属于振动计时仪器，它的基本工作原理是利用一个周期恒定的、持续振动的振动系统，振动系统的振动周期乘以被测过程内的振动次数，就得到该过程经历的时间，即时间＝振动周期 × 振动次数。而振动系统在机械手表里就是我们常见到的摆轮游丝系统。摆轮游丝系统持续不断地振动，并且准确地计算出其振动次数，就可以计算出所经过的时间。但是摆轮游丝系统在外界因素的影响下，摆动的幅度将逐渐衰减甚至最后停止不动，为了使其不衰减地持续振动就必须定期地给摆轮游丝系统补充能量。机械手表中的能量来自于原动系统，同时通过机芯内部的主传动系统将能量周期性地补充给摆轮游丝系统，并且这个过程是通过擒纵机构实现的。

2.1 振动周期

以机械手表中振动频率为每小时 21600 次、振动周期为 1/3 秒的摆轮游丝系统为例，假设擒纵轮片为 20 个齿，摆轮游丝系统每振动一次，擒纵轮片便会转过 1 个齿，那么擒纵轮旋转一周所需要的时间为（1/3）× 20＝（20/3）秒，由于擒纵齿轴与擒纵轮片是铆合在一起的，擒纵齿轴旋转一周所需要的时间是 20/3 秒，再设定秒轮片与擒纵齿轴啮合，二者的传动比为 90/10，因此秒轮旋转一周所需要的时间为（20/3）×（90/10）=60 秒。此外，现有的机械手表比较常见的摆轮游丝系统的振动频率还有每小时 28800 次，振动周期为 1/4 秒，有兴趣的朋友可以根据上面的思路计算出秒轮的速度。

2.2 摆轮部件

摆轮部件包括摆轮、摆轴和双圆盘部件，如图 1-8 所示。

A 位置是与摆夹板镶嵌的防震器组件内宝石轴承相配合的摆轴轴尖。

B 位置是与基板镶嵌的防震器组件内宝石轴承相配合的摆轴轴尖。

C 位置是摆轮，它是此系统里最为重要的部分，自从机械手表诞生以来出现了很多种类的摆轮。由于摆轮将直接影响机械表的走时精度，因此钟表设计师必须着力将影响摆轮的因素消除或者降至最低。在这些因素中，环境的影响最为突出，这也就导致制作摆轮的材料必须采用钟表历经几百年来所总结出的特殊材质；此外，摆轮的形状也是被特别设计的，这些都是为了利于摆轮在机芯中抵抗来自于外在的影响其正常运动的不利因素，比如温度自补偿螺钉摆轮、铍青铜合金摆轮与可变转动惯量摆轮，其中可变转动惯量摆轮是个比较特殊的摆轮，因为它还有个特别的结构是无卡度摆轮游丝系统，这个将在后文给大家做详细的解析。

D 位置是双圆盘部件，包括了双圆盘和镶嵌在它上面的圆盘钉，此部件起到了特殊作用。

E 位置是镶嵌在双圆盘的圆盘钉。

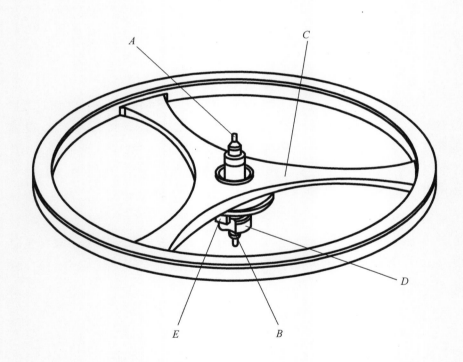

图 1-8　摆轮部件

2.3　游丝部件

游丝部件包括游丝和三角内桩，见图 1-9。

A 位置是与摆轴相配合固定的内桩中心孔。

B 位置是与游丝内端配合在一起的三角内桩的侧翼的开口，它的深度与宽度正好与游丝相配合，所谓的"三角内桩"就是根据它的形状得来的名字，也是目前被应用最广的内桩。此外还有一种内桩是圆形的，被称作圆内桩，由于它相比于三角内桩具有不能完美贴合游丝内端的缺点，故应用比较少。

　　C 位置是游丝，其形状是阿基米德螺旋线，也可以称作涡旋线。

　　D 位置是游丝的外端曲线，它不是涡旋线的一部分，而是被特殊设计的一段具有几段折线的弧状曲线。此设计的目的就是为了将调节机械手表走时精度的快慢针部件（下文即将讲到）与固定游丝最外端的外桩更好地配合在一起。

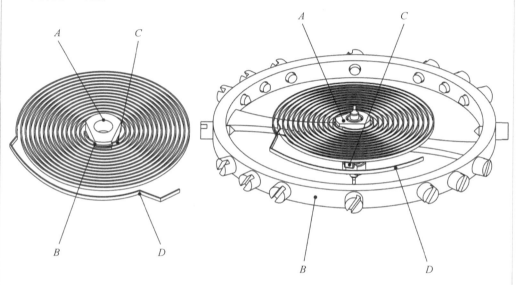

图 1-9　游丝部件　　　　　　　　　　　　图 1-10　调速组件

2.4　调速组件

　　调速组件包括游丝部件和摆轮部件，见图 1-10。

　　A 位置是游丝部件上的内桩与摆轮部件的摆轴固定为一体。

　　B 位置是摆轮，此摆轮外缘被设置了多个螺钉，属于花型摆轮。

　　C 位置与 *D* 位置在前面已经谈到了它们的作用，而将它们组合在一起就是需要一个固定的设计角度了，在计时书里被称作卷进角。以游丝从内桩的初端与游丝外端曲线的第一个打弯处连线，以及它与外桩所在位置的连线的夹角就是游丝的卷进角。此外，圆盘钉的位置与外桩的位置夹角也是被设计好的，它决定了摆轮游丝系统左右两个振动周期的一致性。

2.5 摆夹板组件

摆夹板组件包括摆夹板、防震器组件、快慢针部件和外桩环部件，见图 1-11。

A 位置是摆夹板，其上被刻上了正负号和刻度，用于标识调整快慢针的快慢方向，具体的工作原理将在后文介绍。

B 位置是防震器，被镶嵌在摆夹板上作为摆轴的上支承，同时也起到了保护摆轴轴尖的作用。

C 位置是快慢针部件，包括了快慢针以及镶嵌在端部的外夹和两根较细的内夹。其中，外夹的尾部有个凸出部分，作用是阻挡住游丝使其在震荡的过程中不会脱离出来，也就是控制了游丝的轴向运动；而两个内夹中间所形成的缝隙是留给游丝的，使得游丝在里面可以荡框，也就是限制了游丝的径向运动。

D 位置是外桩部件，包括了外桩环以及镶嵌在端部的外桩管，还有通过螺钉固定的带有开口的外桩。此处的开口是为了游丝最外端通过胶粘合的地方。*D* 位置这个外桩部件的设置就是为了调整游丝外端曲线的位置，从而保证了游丝的中心与摆轴的中心同轴，使得整体的振动周期左右摆动所用时间尽可能一致。

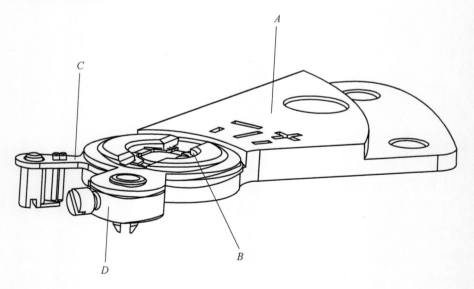

图 1-11 摆夹板组件

作为机械表的核心部位，摆轮游丝系统在动力的驱动下，以额定的频率振动。我们可以形象地把它比作人的心脏，通过其不停地振动，从而达到了将精密机械转变成计时用工具。随着时代的变迁，摆轮和游丝都在不断地进化，尤其是新材料的涌现更是推动了调速系统在技术方面的突破。硅游丝已经诞生了十年有余，而硅摆轮于近几年也被成功研发出来。这些成果都是依托现代科技而实现的，相信未来的机械表会有更多的惊喜出现。

1.2 为什么被称为"表中之王"

　　"陀飞轮"作为机械表最经典的创新技术在制表界始终像谜一样存在着，特别是对于中国制表业来讲更是可以用"神秘"或者是"神圣"来形容。在 19 世纪初陀飞轮诞生的初期，它的产量极其有限，发明人宝玑大师所做出来的陀飞轮怀表只是供给皇室和权贵，普通人根本见不到。因此，将"陀飞轮"称为"王者"实至名归。直到 20 世纪，虽然陀飞轮手表取代了怀表，但是它的产量也是非常有限的。究其原因，陀飞轮的设计和制造在传统的工艺和设备条件下是很有局限性的，大部分零部件需要手工来完成，制作一只陀飞轮表的周期很长。随着时代进入 21 世纪，高科技的迅猛发展给陀飞轮带来了焕发生机的机遇，数控设备的普及将陀飞轮的制作变得轻而易举。经过将近十年的时间，陀飞轮依赖于"新技术、新材料、新工艺、新设备"，已经进化演变出风格迥异、各具特色的品种。在陀飞轮的身上，我们完全可以窥探到国际制表业最先进的技术实力和巨大的发展潜力。

1.2.1 基本概念

陀飞轮（Tourbillon）是指机械表中的旋转调速机构，具体地说是擒纵机构和摆轮游丝系统被放置于可以转动的框架内，在框架的带动下，擒纵机构做行星运动，同时驱动摆轮游丝系统运转。图 1-12 和图 1-13 为陀飞轮的平面图及剖视图。

"Tourbillon"这个词汇有"漩涡"之意，源自法国数学家笛卡儿用来形容行星绕太阳公转的名词，而知名哲学家、百科全书编纂者达朗贝尔（d'Alembert）则更进一步把它解释为重物围着单一轴心运转之意，故译文"陀飞轮"是音译与意译相结合的产物。

陀飞轮的发明者宝玑写到："我的这项发明可以抵消摆轮处于不同位置的地球引力产生的误差……"这是陀飞轮的主要优点。通俗地讲：陀飞轮能有效补偿摆轮的重力作用、游丝的偏心运动、游丝的方位角等产生的位置误差。这种装置的特点是摆轮游丝系统和擒纵机构在自身运行的同时还能够一起做 360° 旋转，最大限度地减少了由于地球引力所导致的手表位置误差，提高了计时精度。

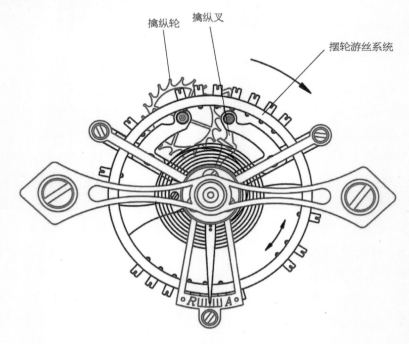

图 1-12 陀飞轮平面图

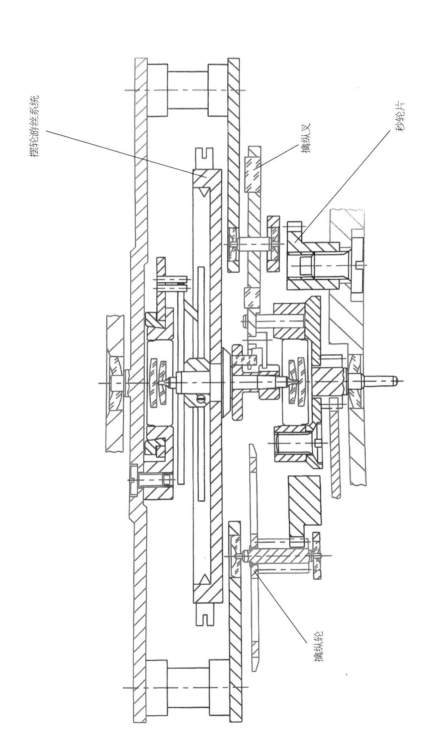

图 1-13　陀飞轮剖视图

1.2.2 技术特征

图 1-14 为陀飞轮结构图，从中可看出陀飞轮的以下三个技术特征。

第一特征：K 形擒纵叉（俗称 K 马）、擒纵轮与摆轮游丝组成的转角式调速系统。

第二特征：三层叠加式夹板框架结构。上层夹板设置了防震器作为摆轮轴的上支承，游丝的最外端通过外桩被固定在此夹板上。中层夹板镶嵌了擒纵叉和擒纵轮的上支承宝石，摆轮游丝位于中层夹板与上层夹板之间的空间里。下层夹板一般分为 3 部分，分别镶嵌了擒纵叉、擒纵轮的下支承宝石，防震器作为摆轮轴的下支承。

第三特征：调节走时精准度的快慢针与陀飞轮框架的上支承被设置在上层夹板上，陀飞轮框架的下支承及用于给陀飞轮输送动力的秒齿轴被固定在下层夹板上。

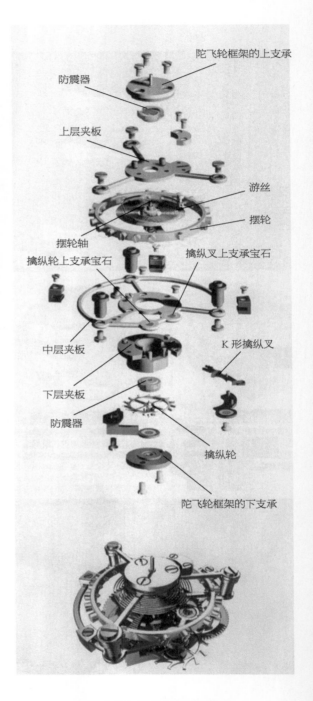

图 1-14 陀飞轮结构图

1.2.3　工作原理

结合前文谈到陀飞轮的三个特征，为大家介绍一下陀飞轮是如何动起来的。笔者总结了陀飞轮"三部曲"以便大家可以准确地了解每一步的动作。

第一步，机芯中的原动系通过传动系，与陀飞轮下支承中的秒齿轴连接输入动力。

第二步，陀飞轮获得动力后转动，带动擒纵轮的齿轴自转的同时，围绕固定于基板上的秒轮片公转。

第三步，擒纵轮的轮片与擒纵叉配合，擒纵系统被启动，摆轮游丝系统获得能量开始运转。调速机构以本陀飞轮被设计好的额定频率工作，使得陀飞轮通常以每分钟一周的速度旋转。

上文将陀飞轮的结构特点以及工作原理做了比较详细的讲解。通过概念的引出，我们可以联想到陀飞轮的结构本身正是机械原理中典型的行星机构。它的整体框架是旋转支架，擒纵轮是行星运动部分，而最关键的太阳轮是被固定于夹板上的秒轮片。当被固定于陀飞轮旋转框架最下方，并且连接机芯内主传动轮系的秒齿轴得到动力被驱动，使得擒纵轮的擒纵齿轴在框架的带动下，围绕固定不动的秒轮片公转的同时伴有自转，擒纵轮片与擒纵叉被触动开始工作起来，这样擒纵机构得到了动力输入，进而启动了摆轮游丝系统，那么旋转的擒纵调速机构——陀飞轮就像人的心脏一样开始跳动了。

第2章

经典陀飞轮
——旋转擒纵调速机构

宝玑大师发明的陀飞轮，经历了几百年的发展，至今仍然是炙手可热的顶级制表技艺。宝玑大师设计的陀飞轮，用专业的词语解释是旋转擒纵调速机构。传承了大师精髓的陀飞轮，被称为"经典陀飞轮"，其最重要的特征是陀飞轮整体框架受到两端支架的控制而可以旋转。以此类陀飞轮作为标志性技术的品牌，有世界制表业的王者百达翡丽，其设计的陀飞轮始终坚定地保留着大师原创的技术特征。而具有很深历史积淀的品牌江诗丹顿、芝柏与宝玑也是经典陀飞轮的拥簇者。此外，像万国、万宝龙与豪雅在近些年也都推出了可以代表自身技术实力的经典陀飞轮。

知识链接 ——无卡度摆轮游丝系统

摆轮游丝系统在机械表中的重要性相当于心脏对于人的重要性，而无卡度摆轮游丝系统对于机械表来说更是高端装备，可以比喻为"高贵的心脏"。

（1）理论背景

根据机械表的计时原理，振动周期与游丝的工作长度和摆轮转动惯量成正比，即随着游丝的工作长度和摆轮转动惯量的数值变大，振动周期将随之变大，也就是说振动周期将变小，手表会走慢，反之则结论相反。如果佩戴者需要调校手表的精度，实质是将走快或者走慢的摆轮游丝系统的振动频率，调校到标准频率。

（2）有卡度 PK 无卡度

"有卡度"是通过快慢针调校装置来改变游丝的有效长度，从而达到改变摆轮游丝系统振动频率进而调校手表的走时误差。它存在的缺陷是游丝被快慢针装置所控制，由于重力等外在与内在因素的影响，导致等时性误差的产生，直接影响了手表的走时精度。

"无卡度"是取消了有卡度结构中的快慢针调校装置，并且通过调校摆轮外缘螺钉的进与出或者调节偏心砝码的偏心量，改变摆轮转动惯量从而改变摆轮游丝系统的振动周期，进而调校手表的走时误差。它的优势在于取消了有卡度结构里影响手表计时精度的快慢针装置，克服了快慢针对于手表带来的等时性误差，可以让表的走时精度进一步提升。

（3）可调校摆轮类型

①螺钉摆通常是在摆轮边缘设置螺钉或者是螺母（摆轮外缘或者内缘），通过改变它们离摆轮中心的远近位置，从而改变摆轮的转动惯量。

②砝码摆是在摆轮靠近外缘的平面上设置可以转动的砝码，一般砝码是半圆形的，通过转动砝码的位置和砝码非圆性的偏心效应，从而改变摆轮的转动惯量。这两类摆轮的核心是可以被调校的螺钉或者砝码，而它们都必须具备一个要素——制作材料选用密度高的金属，原因是通过小的转角而得到较大的惯量改变，选用 K 金或铂金等重金属最为理想。

（4）螺钉摆 PK 砝码摆

劳力士于 1957 年发明了螺钉摆专利技术（参考专利号 GB840056A），见图 2-1，其技术特征是：

①由摆轮 1 和一对可调节的螺钉 2 以及其他不可调节的螺钉组成；

②可调节螺钉 2 由螺母 2a 和螺纹 2c 两部分构成，其中螺母 2a 的形状为花瓣形，如 2b 所示，此设计意图是花形螺母可以与专用调节工具 5 的花形孔 6 相互配合实现调节螺钉 2 的目的；

③此工具的操作方法比较简单，只要根据前文所说的原理以所需要调整的机械手表的快慢来决定是将螺钉旋出一些距离还是旋入一些距离。

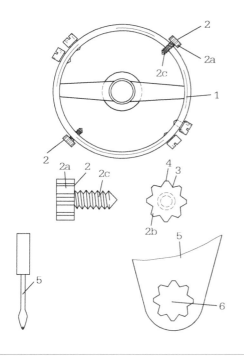

1—摆轮；
2—可调节螺钉（2a—螺母；
　　2b—花瓣形螺母；2c—与摆轮 1 配合的螺纹）；
3—花瓣形螺母的内壁；
4—花瓣形螺母的外缘；
5—专用调节工具；
6—与可调节螺钉的花瓣形螺母配合的花形孔

图 2-1 1957 年劳力士螺钉摆专利

百达翡丽于 1951 年发明了砝码摆专利技术（参考专利号 CH280067A），见图 2-2，其技术特征是：

① 摆轮 1 的外缘 2 承载了八个可以调校的砝码 5 为主体；

② 砝码为字母 U 形状（包括了外缘 3 和开口 6）以中心轴 4 为旋转轴。

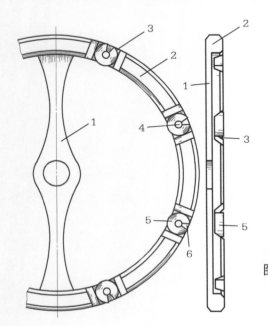

1—摆轮；

2,3—外缘；

4—中心轴；

5—砝码；

6—开口

图 2-2 1951 年百达翡丽砝码摆专利

通过以上两个品牌所设计的可调校摆轮对比，我们可以发现，螺钉摆的优势在于制作难度相对来说简单一些，而砝码摆的优势是调校难度相对简单。

2.1 百达翡丽"最"经典陀飞轮

创始于 1839 年的瑞士著名钟表品牌百达翡丽（Patek Philippe），是瑞士现存唯一一家完全由家族独立经营的钟表制造商。百达翡丽对于陀飞轮的理解始终坚持传承宝玑大师的设计理念——陀飞轮后置在手表背面（当年宝玑大师发明的陀飞轮设置于怀表背面），图 2-3 为百达翡丽经典陀飞轮。此举的优势在于陀飞轮避免了阳光的直接暴晒，使得陀飞轮内部传动轮系特别是摆轮轴部位表油不会快速挥发。笔者认为百达翡丽作为世界制表业的龙头老大，把陀飞轮后置有着技术方面的原因，同样也有着本品牌定位的理由——坚持传统，表现出一定的内敛和谦逊。可以这样说，百达翡丽相比于其他品牌的经典陀飞轮，应该是"最"经典的。

图 2-3 百达翡丽经典陀飞轮

2.1.1 技术特征

为了便于大家更好地理解第 1 章介绍的陀飞轮工作原理，下面针对百达翡丽的十日链方形经典陀飞轮来做更细致的讲解，其结构见图 2-4。

① 陀飞轮的上支承与固定在夹板上的陀飞轮支架配合，而下支承与镶嵌于基板的宝石轴承配合，这样陀飞轮就可以被完全控制了。

② 固定于基板上的秒轮片作为了行星轮系的太阳轮，与擒纵机构中的擒纵轮齿轴连接；双条盒串联组成的原动系通过动力输入轮（此轮与陀飞轮下支承的秒齿轴连接），将能量传递给陀飞轮，驱动它开始转动。

③ 擒纵轮在陀飞轮框架的带动下自转，并且围绕陀飞轮的轴心线公转，擒纵机构和摆轮游丝系统陆续得到了能量开始运转起来。

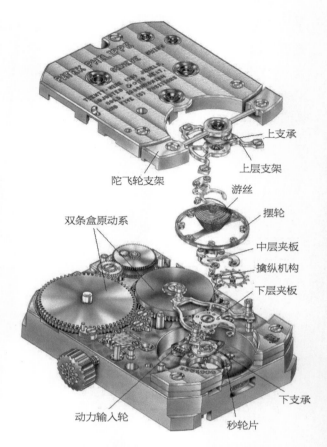

图 2-4 百达翡丽经典陀飞轮结构图

2.1.2 技术品鉴

百达翡丽的经典陀飞轮手表虽然款式不多，但是每一款都非常出众。百达翡丽最经典陀飞轮的结构特征中最具有品牌标志性的是配置有带有八个砝码的金色摆轮，以及宝玑大师原创的上绕挑框游丝的无卡度摆轮游丝系统。笔者最喜欢的有两款，一款是十日链长动力陀飞轮手表，另一款是附加了瞬跳万年历功能的陀飞轮手表。

百达翡丽 Ref. 5101R 十日手上链陀飞轮玫瑰金款手表（见图 2-5），是由堪称百达翡丽研发、制造高级复杂功能手表的两位制表大师帕特里克·高优（Patrick Couns）和皮埃尔·法弗尔（Pierre Favre）完成的，其设计理念是保证长效动力储存的稳定性与时间运转的精确性，并且获得瑞士官方天文台认证。

图 2-5　百达翡丽 Ref. 5101R
十日手上链陀飞轮玫瑰金款手表

机芯技术特征

① 具有日内瓦印记的 Caliber 28-20/222 手动上弦矩形机芯，长 28 毫米，宽 20 毫米，厚 6.3 毫米。

② 机芯由 231 枚零件组成，29 颗宝石轴眼，其中 6 颗固定于黄金套筒内。采用了串联双发条盒结构实现了十日长动力储备，并且带有抑制弹簧联结装置（防止上弦过度）。

③ 由 72 个独立部件构成的后置式经典陀飞轮总重量约 0.3 克。设于表背的陀飞轮装置及表盘 6 点位的小秒针，令手表的古典美达到了一个新高度。

④ 十日动力储备，12 点位动力显示以及 6 点位小秒针显示。

外观技术特征

① 18K 玫瑰金表壳，蓝宝石表镜及表背，长 38 毫米（不算表耳），宽 29.6 毫米，厚 12.2 毫米（不算表镜）。

② 双色调 18K 金垂直纹磨砂盘面，采用银灰色表盘加亮银蓝色小表盘，18K 玫瑰金指针及时标，黑色轨道式分钟刻度。

③ 棕色手工缝制大型鳞纹鳄鱼皮表带，配 14 毫米 18K 玫瑰金针孔式表扣。

百达翡丽5207P万年历三问陀飞轮铂金手表（见图2-6）可以被称为最复杂陀飞轮款式，此款已经成为百达翡丽复杂功能类陀飞轮手表系列中的最经典款之一，它除了带有后置式经典陀飞轮以外，还带有号称最复杂机械表功能的三问打簧，以及最实用功能的万年历。

图2-6 百达翡丽5207系列
5207P铂金手表

机芯技术特征

① 机芯型号为Cal.324 S QR，机芯直径为28毫米，此尺寸对于机芯来说属于标准配置，外观款式发挥的余地比较大。

② 机芯采用比较流行的振频数级——每小时28800次。

③ 机芯共有30颗宝石轴承，零件数为361个，此数据可以看得出其复杂程度。

④ 动力储备为45小时，属于标准配置长时数值。

⑤ 机芯具备的主要功能包括：后置6点位经典陀飞轮，百达翡丽原创的三问打簧机构以及窗口式瞬跳万年历机构。

外观技术特征

① 表径为41毫米，表壳的厚度为16.25毫米，表壳采用的材质为950铂金。
② 圆形的表盘，颜色为浅咖啡色。
③ 表镜材质为蓝宝石水晶玻璃。
④ 表冠材质为950铂金。
⑤ 表带采用方形鳞纹鳄鱼皮制作，颜色为深棕色，手工缝制，亮光棕色手工雕刻折叠式表扣。

2.2 江诗丹顿"马耳他十字"经典陀飞轮

瑞士著名品牌江诗丹顿（Vacheron Constantin）创始于 1755 年，已有 250 年历史，是世界上历史最悠久、延续时间最长的名表之一（隶属瑞士历峰集团）。创始人让·马克·瓦什隆（Jean-Marc Vacheron）是一位学识渊博的人文学家。江诗丹顿被誉为贵族中的艺术品，一直在瑞士制表业中担当着关键角色。

2.2.1 技术特征

陀飞轮是手工技艺最佳的表现对象，江诗丹顿推出的陀飞轮很有品牌的元素体现。最明显的标志是陀飞轮的上层和中层夹板造型被设计成"马耳他十字"。此标记原是手工制表时代用来调整发条松紧的精密齿轮，象征了优越技艺与手工制表的传统。江诗丹顿的此款经典陀飞轮结构（见图 2-7）与第 1 章所讲到的那款在设计思路上如出一辙，大家可以自己来解读一下。

江诗丹顿的经典陀飞轮与前文提到的百达翡丽经典陀飞轮都是以传承宝玑大师的精髓为目的而设计出来的。只是江诗丹顿将陀飞轮放置于表盘的正面，通常都是在 6 点位。有以下两个最显著的特征：

第一个，6 点位圆形开窗的下面有个横梁支架作为陀飞轮的上支承，此支架的上面被加工成圆背，也就是弧面造型。

第二个，陀飞轮最上面的"马耳他十字"造型的夹板，以品牌标志作为陀飞轮夹板造型是很多品牌的做法，而江诗丹顿的马耳他十字是其中最有代表性的，也是辨识度最高的。

图 2-7　江诗丹顿经典陀飞轮结构

2.2.2 技术品鉴

江诗丹顿传承系列 89000/000R-9655 玫瑰金手表（Patrimony Traditionnelle 14-day Tourbillon，见图 2-8）是江诗丹顿根据日内瓦印记新规正式生产的第一款腕表。新标准是对整体腕表进行认证，而不是像以前那样仅仅是对机芯进行认证。此款手表采用的 Calibre 2260 机芯由江诗丹顿的设计工程师和制表大师共同开发，主要特点是手动上链机芯具备长达 14 天的动力储备。为了达到 14 天动力储备的目的，机芯配置了两组串联在一起的四个发条盒。

图 2-8 江诗丹顿传承系列
89000/000R-9655 玫瑰金手表

机芯技术特征

① 机芯型号为 Cal.2260，机芯直径为 29.1 毫米，机芯厚度为 6.8 毫米。

② 机芯共有 31 颗宝石轴承，零件数为 231 个。

③ 动力储备为 336 小时，相当于 14 天，属于超长动力的储备。

④ 机芯的 12 点位设置了圆周角 14 日链动力显示，6 点位是经典陀飞轮显示。

外观技术特征

① 表径为 42 毫米，表壳的厚度为 12 毫米，表壳采用的材质为 18K 玫瑰金。

② 圆形的表盘，颜色为银白色。

③ 表镜材质为蓝宝石水晶玻璃。

④ 表冠材质为 18K 玫瑰金。

知识链接——机械表的传动系统

　　机械表的传动系统基本上可以分为原动系、传动系和显示系三个部分。原动系储存能量再输出能量，传动系得到能量输入给调速系统，同时控制显示系输出时间。

1.原动系

　　原动系的定义是其内部存储弹性元件发条，即存储弹性势能，图 2-9 为 ETA2892 原动系。这取决于发条的长度及厚度的弹性势能决定着机械手表走时时间的长短，发条在将其储存的弹性势能转换为机械能后为机械手表提供原始能量，当发条储存的弹性势能全部释放出来之后，机械手表便失去能源供应而停止运行。图 2-10 为原动系分解图。通过对原动系的了解我们可以明白，机械表内所有轮系除了辅助轮系是通过人的外力驱动以外，其他轮系都是由原动系提供能量运转起来的。原动系可以被分成手上弦（见图 2-11）和自动上弦（见图 2-12）两种，其中的区别就体现在它的组成部分条盒轮和发条身上。

原动系 ·······

图 2-9 ETA2892 原动系

原动系包括的零件有条盒轮、条盒盖、条轴与发条。根据上述提到的原动系的分类，手上弦机械手表与自动机械手表的条盒轮与发条可以被分成手上弦条盒轮和手上弦发条，以及自动条盒轮和自动发条。从现有情况看，手上弦陀飞轮表款的占有比例要大于自动上弦陀飞轮表款，当然具体采用哪种方式是根据表款定位来决定的。

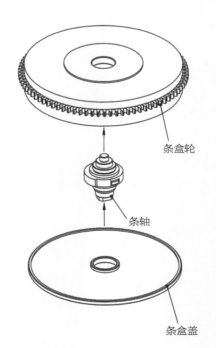

条盒轮

条轴

条盒盖

图 2-10 原动系分解图

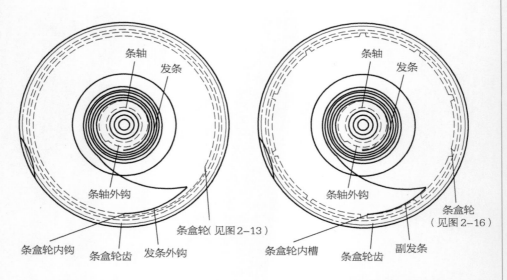

图 2-11 手上弦原动系

图 2-12 自动上弦原动系

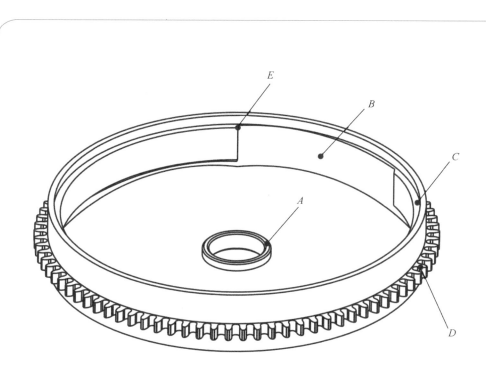

图 2-13　手上弦条盒轮

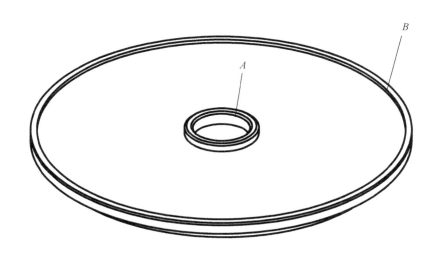

图 2-14　条盒盖

（1）手上弦条盒轮（见图 2-13）

A 位置是条盒轮与条轴 A 位置（见图 2-15）相配合的中心孔。

B 位置是手上弦发条的发条外钩与条盒轮配合的位置。

C 位置是条盒轮与条盒盖 B 位置（见图 2-14）相配合的中心凹槽。

D 位置与前两个位置有所不同的是它被加工出轮齿，其目的是为了让它与传动系连接，使得原动系统的能量可以输出给传动系统，并且更进一步输出给摆轮游丝系统使其开始工作。

E 位置的作用是很关键的，它被称作条盒轮内钩，与手上弦发条的发条外钩配合在一起，才能使得发条与条盒轮产生力的相互作用。发条的内钩将与条轴的 C 位置（见图 2-15）条轴内钩相配合在一起，其目的是条轴将发条牢牢锁住，在卷紧发条的时候可以承受发条的卷紧力。

（2）条轴（见图 2-15）

B 位置与条盒盖的中心孔 A 位置（见图 2-14）配合在一起。

D 位置与 E 位置将与固定在夹板上的宝石轴承相配合，使得原动系的径向与轴向被控制。

F 位置的作用是方形凸起与上弦系统中的上弦棘轮的方形孔相配合，并且通过螺钉固定为一体。通过驱动上弦棘轮，从而带动了条轴卷紧发条，以储存机械弹性势能。

G 位置是螺钉孔，通过螺钉将条轴与上弦棘轮紧固。

（3）自动上弦条盒轮（见图 2-16）

自动上弦条盒轮的 A 位置、C 位置与 D 位置同手上弦条盒轮是一样的，需要注意的是自动上弦条盒轮的 B 位置变成了凹槽，还在其内壁上均匀分布了多个凹槽，这是什么目的呢？自动机械表的自动发条与手上弦发条最大的区别就是，自动发条不是跟条盒轮（见图 2-16）直接配合在一起，而是通过它的副发条与条盒轮的内壁之间的摩擦配合在一起的，机械表自动机芯中的术语"打滑力矩"说的就是副发条与条盒轮内壁之间的摩擦力矩要达到一定数值才可以，这些凹槽就是为了增加两者之间的摩擦力矩而设置的。如图 2-12 所示的就是自动上弦原动系的平面图，从中可以清楚地看到自动条盒轮与自动发条之间的位置关系，尤其是副发条与条盒轮的内壁凹槽之间的关系。

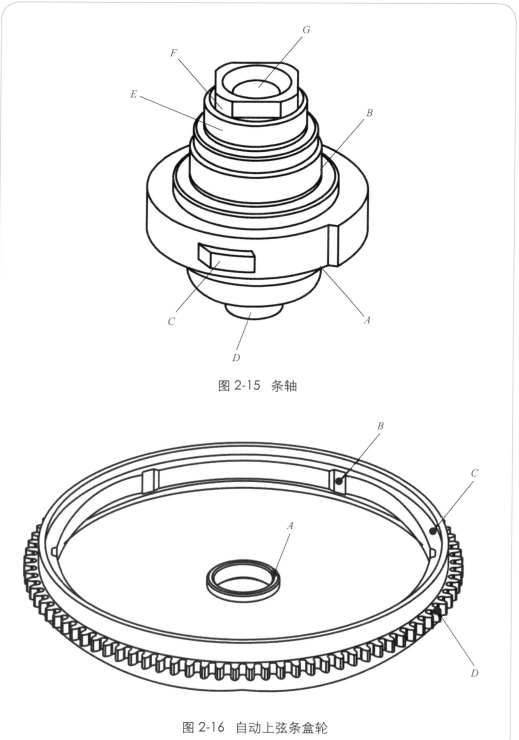

图 2-15　条轴

图 2-16　自动上弦条盒轮

2.传动系

机械表机芯的传动系，根据与原动系中条盒轮连接的二轮被设置于机芯的位置，可划分为中心二轮式（二轮在机芯中心）和偏中心二轮式（二轮偏离机芯中心）两大类。这两个类型具有各自的优势与劣势。

① 中心二轮式的优势是机芯整体结构紧凑，设计与加工难度相对简单；劣势是机芯平面与轴向的空间利用率比较低。对于陀飞轮机械表机芯来说，大部分都采用了中心二轮式。

② 偏中心二轮式的优势正好弥补了中心二轮式的劣势，机芯平面与轴向的空间利用率比较高，对于提高机芯的整体性能提供了有利条件，劣势是设计与加工的难度比较高。

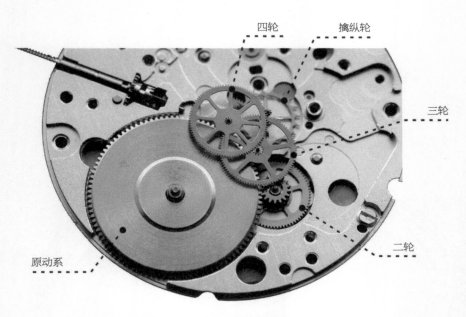

图 2-17 ETA2892 偏二轮式传动系统

2.1 传动布局

传动系的布局可以通过机芯基板上的传动B孔的布置来识别，根据图2-17（配合图2-18、图2-19一起看）说明如下。

① 原动系统 B_1 的条盒轮将动力传递给 B_2 位置的二轮。

② 由 B_3 三轮、B_4 四轮（秒轮）、B_5 擒纵轮、B_6 擒纵叉和 B_7 摆轮游丝系统（防震器组件也在该位置）构成了主传动轮系。

③ 二轮、三轮、四轮与擒纵轮是通过轮片与齿轴固定为一体的部件。

④ 轮片与齿轴互相连接：条盒轮与二齿轴、二轮片与三齿轴、三轮片与四齿轴、四轮片与擒纵齿轴。

⑤ B_4 位置的擒纵轮片与 B_5 位置擒纵叉的叉瓦相配合，而叉头与位于 B_7 位置与摆轮游丝系统固定为一体的双圆盘相配合。

⑥ 位于 B_2 位置的二轮将得到的动力传递给主传动轮系，直到轮系尽头的调速系统（由擒纵机构——擒纵轮、擒纵叉与摆轮游丝系统构成）得到动力运转起来，控制显示系指示时间。

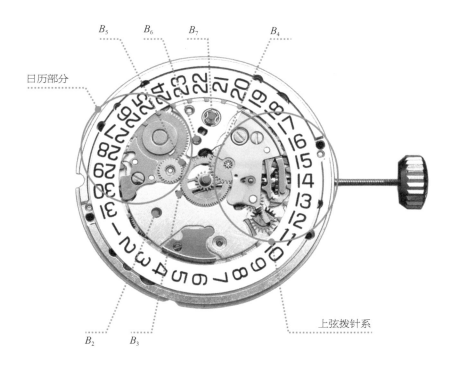

图 2-18　ETA2892 传动系统布局前视图

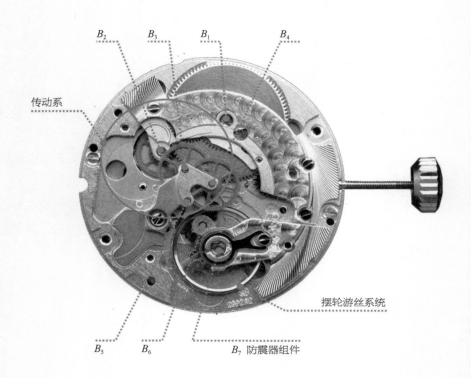

图 2-19　ETA2892 传动系统布局后视图

2.2　结构特征

作为传动系里重要的组成部分，每一个零部件都有自己的特征，只有充分了解这些特征，才能更深入地理解传动系的构造内涵。

（1）二轮

中心二轮（见图 2-20）和偏中心二轮（见图 2-21）是中心式机芯结构与偏中心式机芯结构的最主要的识别点，两者存在以下共同点与差异点。

① 共同点

A 位置是二轮与基板 B_2 位置孔的宝石轴承配合。

B 位置是二轮与控制夹板 B_2 位置的宝石轴承配合。

C 位置与前两个位置有所不同的是它被加工出轴齿，其目的是为了让它与 B_1 位置原动系的条盒轮所带有的齿连接在一起，使得原动系的能量直接输出给这个中心二轮。

　　D 位置是个轮片，有得到就得有输出，正是这个位置将二轮通过原动系得到的能量输出给 B_3 位置的传动轮系，更进一步输出给摆轮游丝系统使其开始工作。

　　② 不同点

　　中心二轮的 E 位置用来承载显示系，通过摩擦配合关系与分轮配合在一起。当需要调校时间的时候，分轮被特殊装置驱动，连带时针同时转动，从而实现了时间的被调校。此操作不会影响中心二轮，原因是两者之间有个摩擦机构起作用。偏心二轮只是为了传递来自于原动系的动力而存在的，与显示系没有直接的关联。

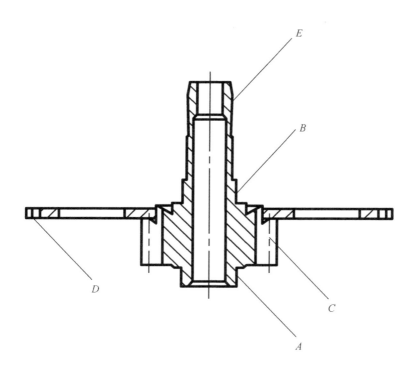

图 2-20 中心二轮

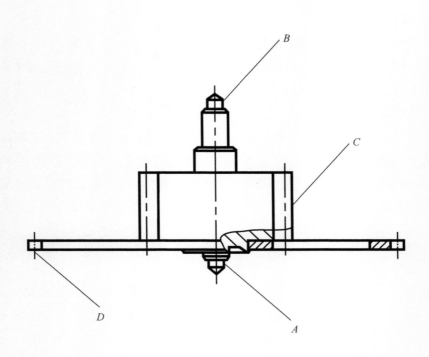

图 2-21 偏中心二轮

（2）三轮（见图 2-22）

此零件连接二轮，接收动力的同时改变了轮系齿数比，以及轮系的旋转方向，也可以称之为过轮（过渡齿轮）。

A 位置与镶嵌在夹板上的宝石轴承相配合。

B 位置被加工出的轴齿，与二轮片的轮齿相连接，接收动力输入。

C 位置是三轮片，其轮齿与四轮轴齿连接。

（3）四轮（见图 2-23）

此轮也被称作秒轮，原因是此轮与擒纵机构连接，其旋转速度受到控制，以每分钟转动一周的速度旋转。此零件的顶端有时被加工成锥形，可以安装秒针（中心大秒针或者偏心小秒针）。

A 位置与镶嵌在夹板上的宝石轴承相配合。

B 位置被加工出的轴齿，与三轮片的轮齿相连接。

C 位置是四轮片，其轮齿与擒纵轴齿相连接。

D 位置被加工成锥形，目的是安装秒针。

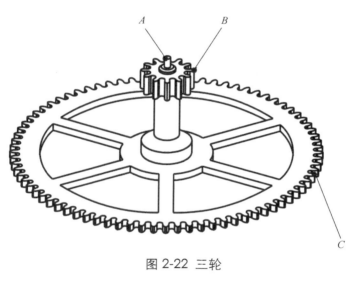

图 2-22 三轮

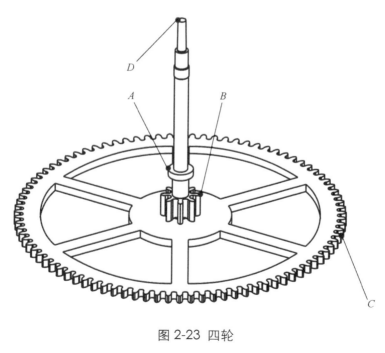

图 2-23 四轮

（4）擒纵轮（见图2-24）

这个零件隶属于擒纵机构，其轮片的齿形不是普通的钟表用齿形，而是为了配合擒纵机构的运转专门设计的异形齿。它将与擒纵叉的进瓦与出瓦相配合，完成擒纵机构的动作要求。

A 位置与镶嵌在夹板上的宝石轴承相配合。

B 位置被加工出的轴齿，与四轮片的轮齿相连接。

C 位置是擒纵轮片，此轮片的齿形很独特，是为了杠杆式擒纵机构的需要而设计的。它的转速将直接控制四轮也就是秒轮的速度，从而控制了手表的时间显示。

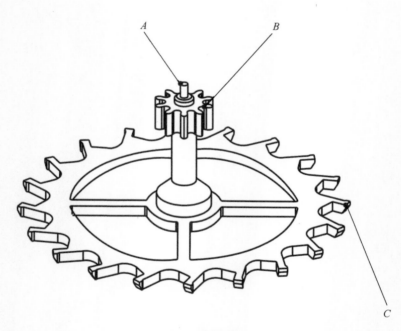

图 2-24 擒纵轮

3.显示系

显示系除了包含时轮、分轮和秒轮之外，还包括了负责转换旋转速度的跨轮。跨轮是通过跨轮片和跨齿轴固定为一体形成的。它设定了我们所熟知的每1小时转动一周的分轮和通过跨轮传动比转换的每12小时转动一周的时轮。秒针、分针及时针分别安装在秒轴、分轮和时轮上，实现了时针每 12 小时转一圈，分针每小时转一圈，秒针每分钟转一圈。由于机芯的基本传动形式分为中心二轮式和偏二轮式两大类，所以显示系的传动方式也相应分为两类，即中心二轮式显示系和偏二轮式显示系。图 2-25 为 ETA2892 显示系。

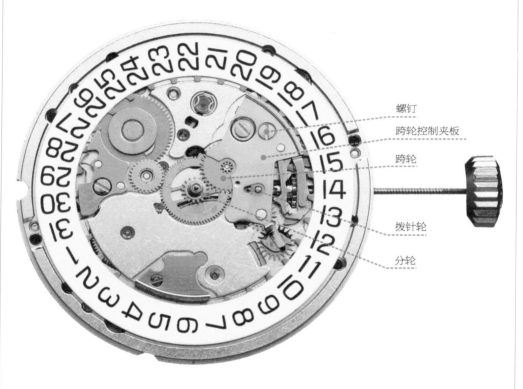

螺钉
跨轮控制夹板
跨轮
拨针轮
分轮

图 2-25 ETA2892 显示系

2.3 豪雅"皮带轮"经典陀飞轮

　　豪雅（TAG Heuer）自 1860 年由爱德华·豪雅（Edouard Heuer）在汝拉山谷创立以来，在高端制表领域取得了众多意义非凡的成就，其中尤以设计出众的计时码表及其极致精准的品质而享有盛誉。在瑞士高端制表的众多创新品牌中，豪雅始终致力于运动手表并全力打造世界走时最精确的计时仪器和手表。豪雅在技术创新上最重要的成果是于 2002 年启动的摩纳哥（Monaco）V4 项目——微型皮带轮传动系统。2004 年在巴塞尔高级钟表展上，豪雅首次展出摩纳哥 V4 概念手表。2007 年在巴塞尔高级钟表展上，豪雅展示摩纳哥 V4 样品。2009 年豪雅发布了摩纳哥 V4 铂金限量版，见图 2-26 和图 2-27。

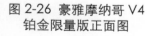

图 2-26 豪雅摩纳哥 V4
铂金限量版正面图

图 2-27 豪雅摩纳哥 V4
铂金限量版背面图

2.3.1 皮带轮

皮带轮主要用于远距离传送动力的场合，采用锻造设计，材料是钢。皮带轮在机械领域被广泛应用，如柴油机、农用车、拖拉机、摩托车、汽车、矿山机械、机械加工设备、纺织机械、包装机械等。

传动优点：

- 缓和载荷冲击；
- 运行平稳、低噪声、低振动；
- 结构简单，调整方便；
- 对于皮带轮的制造和安装精度相对于啮合传动没有那么严格；
- 具有过载保护的功能；
- 两轴中心距调节范围较大。

传动缺点：

- 有弹性滑动和打滑，传动效率较低，不能保持准确的传动比；
- 传递同样大的圆周力时，轮廓尺寸和轴上压力比啮合传动大；
- 皮带的寿命较短。

2.3.2 微型皮带轮

豪雅将皮带轮引入手表中，属于首创。皮带轮在大型机械中使用得非常广泛，要想进入微型机械就必须制造出微型皮带轮。这是一个全新的概念，虽然制造思路基本一致，但是微缩到微米级别以后，制作的难度将会大大提升，工艺性也需要重新摸索。也就是说，豪雅的摩纳哥 V4 最核心的技术就是微型皮带轮如何做出来，做出来以后是否能够满足设计的要求在机芯中达到预期的目的。此外，还有一个必须要考虑的问题，机芯内部的传动系统主要组成部分是原动系、传动系和显示系，那么在不同的部分使用的皮带轮应该是有区别的，原因是其受到的压迫力以及精度需求是不一样的，这就需要具体问题具体分析了。

2.3.3 技术挑战

（1）最大的挑战是弯曲力矩的需求

较厚的传动带必须拥有很高的弯曲力矩，这也是造成整个制表链停止的因素。较薄的传动带的弯曲力矩降低，非常容易断裂。

解决方案：使用具有良好的摩擦力以及抗老化性能的锦纶类 PPA 材质，这是一种非塑化的粘塑聚合物，具有无定形的特点和透明分子结构。

（2）另一个挑战是传动带的批量生产

飞秒激光工艺适合制造原型，不适合批量生产。

解决方案：采用高温微型注塑工艺。

2.3.4 技术类型

（1）原动系统皮带轮（如图 2-28 所示）

在机芯中有两条此类皮带轮，尺寸为 0.5 毫米 ×0.15 毫米，可以负载 1300 克，能够承受高扭矩。由于此类皮带轮需要承受大力矩，所以在其内部设置了锦纶注塑的塑胶线内核。

（2）传动系统皮带轮（如图 2-29 所示）

在机芯中有三条此类皮带轮，尺寸为 0.25 毫米 ×0.07 毫米，可以负载 130 克，精度要求非常高。如此设计的理由是：摆轮在摆动时的扭矩小于 1 微牛·米，任何细微的干扰都会对计时精度产生影响。这就要求皮带轮的厚度为 0.07 毫米时，误差必须小于 5 微米，并且皮带轮连接的传动轴之间的距离误差必须小于 0.01 毫米。

图 2-28 豪雅摩纳哥 V4
原动系局部图

图 2-29 豪雅摩纳哥 V4
传动系局部图

2.3.5 创新传动系统

摩纳哥 V4 采用微型皮带轮传动系统，可以分为三个主要部分：皮带轮原动系、皮带轮传动系和皮带轮显示系。这三个部分的传动轮系都是根据皮带轮的特性量身订制的。机械手表机芯工作原理图如图 2-30 所示。

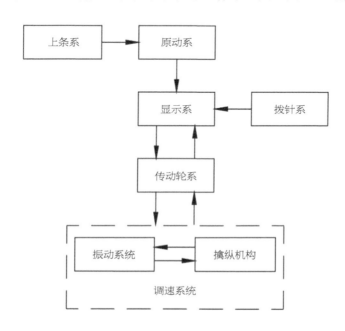

图 2-30 机械手表机芯工作原理图

（1）皮带轮原动系

摩纳哥 V4 的原动系采用了两套原动皮带轮传动系统，分别位于表背面的左右两侧，52 小时动能储备。每一套由三个齿轮构成，并且每个齿轮组都设置了一个微型滚珠轴承（滚珠轴承规格：直径为 2.2~4 毫米，厚度为 0.6~1 毫米）。此原动系（如图 2-31 所示）有以下四个技术特征需要重点关注：

① 两套原动皮带轮传动系统被倾斜设置，角度为 13°。

② 每套原动皮带轮传动系统由一根原动系统皮带轮串联起来。

③ 在两套原动皮带轮传动系统中间设置了带有双支架导轨的直线型自

动上链机构，摆陀由 12 克钨合金制成。

④ 每套原动皮带轮传动系统位于中间位置的齿轮由偏心钉控制，这样设置的目的是可以精确调整皮带轮串联整套轮系的松紧度，以便让整套轮系可以在最舒适的条件下运转。

（2）皮带轮传动轮系

摩纳哥 V4 的传动轮系起始位置是来自背面的原动系所连接的位于正 12 点位的动力输出轮。由于此轮直接受到原动系指挥，会有很大的输入力矩，所以也采用微型轴承来控制。然后，此轮将动力通过设置在右侧的轮系传递出去，直至由皮带轮所连接的主传动系。

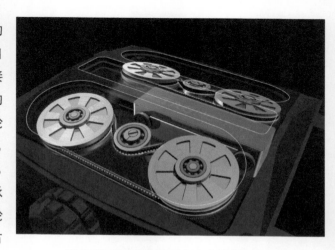

图 2-31 豪雅摩纳哥 V4 皮带轮原动系

主传动系（如图 2-32 所示）由动力输出轮、秒轮、过渡轮和擒纵轮，以及三根传动系皮带轮构成。位于 3 点位的动力输出轮得到了来自原动系的能量，直接传递给了位于 4 点位的秒轮；秒轮则是经过位于 6 点位的过渡轮与位于 7 点位的擒纵轮连接；被设定为摆频 28800 次 / 小时的摆轮游丝系统与擒纵机构作为调速系统与擒纵轮对接来控制秒轮的速度为每分钟旋转一周。

（3）皮带轮显示系

摩纳哥 V4 的显示系在前文已经提到了，如图 2-33 所示，秒轮被设置在 4 点位显示小秒；而时分轮的管控则来自位于 12 点位的动力输入轮。按照机芯传动布局类型来说，该显示系应该属于直传式——由原动系的动力输

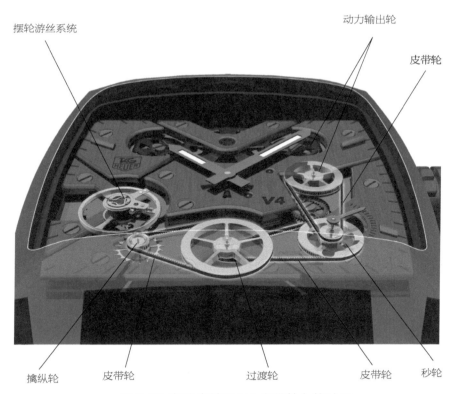

图 2-32　豪雅摩纳哥 V4 皮带轮主传动系

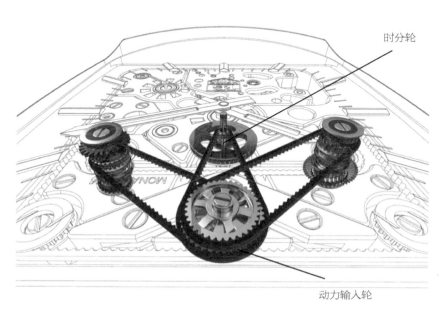

图 2-33　豪雅摩纳哥 V4 皮带轮显示系

出轮直接连接位于中心的时分显示轮系。由于位于 12 点位的动力输入轮受到了秒轮的速度控制，使得它可以再去控制时分轮显示时间。

2014 年巴塞尔高级钟表展上，豪雅推出摩纳哥 V4 十周年陀飞轮特别款（见图 2-34）手表。此款手表的主要看点是被设置于 9 点位的陀飞轮。这个陀飞轮在结构方面可以看出是个经典结构，与其他品牌的区别是采用了符合微型皮带轮传动要求的构造。陀飞轮被驱动的传动系（见图 2-35）由两级微型皮带轮构成：直接与陀飞

图 2-34 豪雅摩纳哥 V4 陀飞轮

轮连接的动力输入轮与固定在陀飞轮的驱动轮尺寸一致，说明只是传输动力，而不是改变速度；与动力输入轮连接的传动轮尺寸较小一些，它会接受来自机芯原动系的动力并通过微型皮带轮将动力输出，同时起到提高速度的目的。

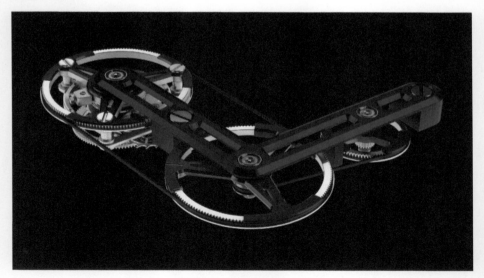

图 2-35 豪雅摩纳哥 V4 陀飞轮传动系

2.3.6 技术品鉴

豪雅摩纳哥 V4 陀飞轮概念表（见图 2-36），是摩纳哥 V4 手表的继承者，使用微型皮带传动系统带动陀飞轮，该系统厚度仅为 0.07 毫米，粗度不超过一根头发丝。该枚时计配备全自动线性上链系统，摆陀是由一个线

性轨道组成，而不是传统的旋转系统；四个超细锯齿传送带创建了一个非常有效的减振系统；发条盒承载了旋转轴承。

图 2-36　豪雅摩纳哥 V4 陀飞轮概念表

机芯技术特征

① 表厂自制豪雅摩纳哥 V4 陀飞轮自动上链机构。

② 陀飞轮每分钟旋转一周，其内部摆轮游丝系统摆频为 28800 次 / 小时。

③ 机芯长 31.5 毫米，宽 35 毫米，总厚 9.26 毫米，共有 46 个宝石轴承，动力储存 40 小时。

④ 4 条齿形传动带，最纤细的传动带只有 0.07 毫米，其中两条传动带采用内部钢结构强化线。

⑤ 两对由传动带串联的发条，以 13°倾角平行安装。

⑥ 12 点位设置微型滚珠轴承，上设动力收集装置。

⑦ 配有双齿、钨锭线性摆陀。

⑧ 共配置 9 颗微型滚珠轴承。

外观技术特征

① 9 点位设置传动带驱动的经典陀飞轮。

② 两个覆有精细磨砂黑色图层的 V 形精钢夹板，经手工抛光倒角处理。

③ 3 个覆有黑色图层，经"日内瓦波纹"高级钟表师手工饰面处理的夹板。

④ 镀铑刻面时针和分针，带白色荧光时标。

⑤ 5 点位设白色"TAG Heuer"标志，7 点位置镌刻白色"V4"字样。

⑥ 表壳外径为 41 毫米，覆有黑色碳化钛镀膜的抛光钛金属。

⑦ 经双面防炫光处理的斜角蓝宝石水晶表镜，分为三个部分的蓝宝石水晶底盖。

⑧ 防水深度 50 米。

⑨ 手工缝制的黑色鳄鱼皮表带，带安全按钮和 V4 标志的黑色碳化钛镀膜钛金属（5 级）折叠式表扣。

现代科技快速而有效率的发展，让多少年前只能停留在图纸上的创意，逐渐变成了现实。原先几乎都是以平面来显示的手表功能，如时间显示、日历等实用功能显示，以及更为高端的陀飞轮都被 3D 化。数控 CNC 设备的不断进化，为高精密微型机械零件的生产创造了优越条件，让更多新时代的制表大师们有了相对于前辈们更为丰富的技术手段，可以把自己的杰作从纸面设计变成实物。豪雅将在大型机械领域司空见惯的皮带轮引入到了微型机械手表中，可以说具有划时代的意义。

2.4 宝玑"防震"经典陀飞轮

　　1775 年，阿伯拉罕·路易·宝玑 (Abraham Louis Breguet) 创办了宝玑 (Breguet) 品牌（隶属瑞士斯沃琪集团）。这位举世公认的钟表史经典人物首先在巴黎发展这一品牌，后至瑞士。宝玑手表深受皇族垂青，法国国王路易十六和玛利皇后都是宝玑的推崇者；巴尔扎克、普希金、大仲马、雨果等文豪的著作中也都曾提及宝玑表；英国女王维多利亚和英国首相丘吉尔等都曾是宝玑的顾客。

　　2012 年宝玑推出了经典陀飞轮 TRADITION 7047，其裸露在外的芝麻链动力系统，钛质无卡度摆轮和硅质上绕游丝都体现了品牌的创新理念。此款陀飞轮表中还有一个亮点容易被人们忽略，那就是宝玑表已经取得发明专利的陀飞轮防震机构（如图 2-37 所示）。其创新意义在于克服了原有经典陀飞轮在受到外界剧烈震动的影响下（比如不慎掉落或者被重物击中），陀飞轮的控制支架在瞬间产生变形位移，使得陀飞轮整体框架的上下支承有可能脱离控制宝石轴承，导致陀飞轮手表不能正常工作甚至停表的严重缺陷，为此设计了一套可控制陀飞轮轴向间隙的防震装置，实现了陀飞轮具备抵抗来自于外界冲力的能力（参考专利号 CN101846963B）。

图 2-37　宝玑防震陀飞轮

2.4.1　技术特征

　　① 如图 2-38 和图 2-39 所示，此陀飞轮的外支承夹板分为两个部分：第一个是作为陀飞轮整体框架的下承载夹板——主夹板 1，在这块夹板上被固定了作为陀飞轮旋转机构的动力输入源，也就是所谓行星轮系里的太阳轮——秒轮片 26。秒轮片 26 中心镶嵌了作为陀飞轮下支承的宝石轴承 23；第二个是作为陀飞轮整体框架的上支承夹板——悬臂支架 2，在此夹板的一端镶嵌了作为陀飞轮上支承的宝石轴承 5，需要注意的是，这种采用上下支承方式来控制陀飞轮的结构是经典陀飞轮的最主要特征。

　　② 此陀飞轮内部的擒纵调速机构包括了全新的无卡度摆轮游丝系统，其中摆轮 4 采用了内嵌可调节螺钉方式，而钛材料制作的摆轮再加上金材料制作的调节螺钉形成了宝玑自主的专利技术，游丝采用了宝玑最经典的上绕形式。宝玑表所在的瑞表集团旗下拥有的游丝制造厂研发出来的具有专利技术的硅材质上绕游丝属于业内首创，并且被应用于此陀飞轮中，这将直接高幅度提高此款陀飞轮表的走时性能。其中剖视图（见图 2-39）中标号为 A 的是擒纵叉，它与擒纵轮 M_E 相配合，而擒纵齿轴 P_E 与秒轮片的轮齿 6 配合在一起。

　　③ 此款陀飞轮的夹板层结构与前文讲到的基本一致，两者的区别在于：此款陀飞轮的夹板形状根据设计需要进行了改造优化，其中上层夹板部件 8 被设置了陀飞轮框架的上支承 11。根据前文所述的中层夹板和下层夹板部件被整合为一体式夹板 13，此夹板形似碗状，在它的下端被设置了陀飞轮的下支承 25，此支承有三个机构特征需要注意：下支承轴尖 22、动力输入轴齿 24、被控轴向台阶 20。

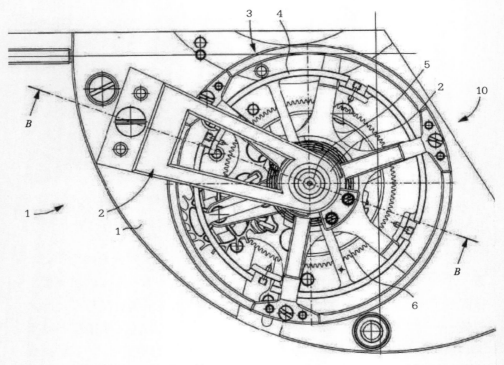

图 2-38 宝玑防震陀飞轮平面图

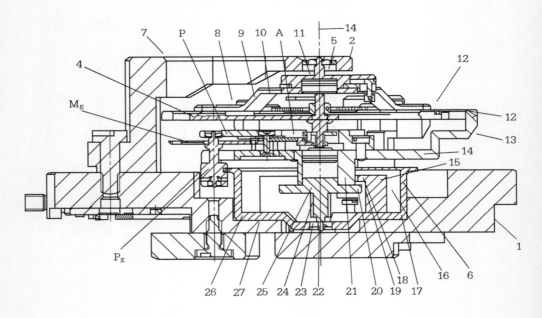

图 2-39 宝玑防震陀飞轮剖视图

2.4.2 防震机构

　　图 2-39 中标号为 16 的是此款陀飞轮的防震杠杆，它包括了定位臂 31、支撑台阶 15、回转轴孔 32、控制台阶 18 与限位槽 28，见图 2-40。带台螺钉 V_1 与回转轴孔 32 配合形成此装置的回转轴；带台螺钉 V_2 与限位槽 28 的配合起到了限制此装置回转行程的作用；上文已经提到的被控轴向台阶 20 将会与控制台阶 18 相配合形成一种保险间隙配合，这一配合间隙值 D 将是此装置能否起到控制陀飞轮整体轴向间隙免受外力冲击而失效的关键；秒轮片 26 的内壁 17 被打开了一个缺口 19，定位臂 31 从此处穿过，而定位臂 31 顶端的定位孔 30 将会与固定于夹板 1 上的定位钉 29 配合；秒轮片 26 的内侧端面 27 起到了承载防震杠杆 16 的作用。以上就是防震装置的组成部分，涉及防震杠杆 16、秒轮片 26 和陀飞轮的下支承 25。

2.4.3 工作原理

(1) 卸载状态

　　如图 2-40 所示，此时定位臂 31 顶端的定位孔 30 与固定于夹板 1 上的定位钉 29 处于分离状态，那么被控轴向台阶 20 与控制台阶 18 在这个时候从空间上来说，也是处于分离状态，互相之间没有配合关系，这样的设计目的是可以正常组装陀飞轮机构而不会受到任何影响。

(2) 装载状态

　　陀飞轮机构被组装完毕之后，以带台螺钉 V_1 为回转轴，旋转防震杠杆 16，使得定位臂 31 顶端的定位孔 30 与固定于夹板 1 上的定位钉 29 相配合准确定位，此时被控轴向台阶 20 与控制台阶 18 形成了空间上的配合关系，如装载工作原理图 2-41 所示，此时控制台阶 18 的弧形台阶部分已经位于被控轴向台阶 20 的上方并对其形成掌控，再如装置剖视图 2-39 所示，两者的配合间隙值就是对此陀飞轮受震动后的保险值 D，而此值必须小于陀飞轮的下支承 25 与下支承宝石轴承 23 的配合值 L，并且还需要确定一个最佳的范围值，来确保陀飞轮不论受到多么大的震动仍然可以正常工作。其原因是当陀飞轮受到了剧烈震动的瞬间，L 将会在瞬间减小，如果保险值 D 大于或者等于 L，L 会减少到最小甚至是零，这样陀飞轮很有可能停止工作，使整只表陷入瘫痪；如果保险值 D 小于 L 的量不够充分，那么下支承 25 与下支承宝石轴承 23 的配合值 L 不可保证陀飞轮正常工作。

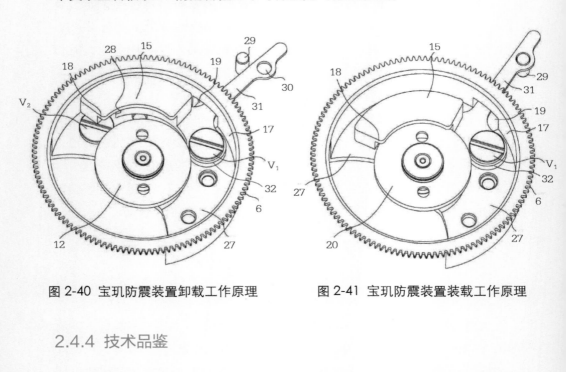

图 2-40 宝玑防震装置卸载工作原理　　图 2-41 宝玑防震装置装载工作原理

2.4.4 技术品鉴

宝玑作为陀飞轮最正宗血脉的传承品牌，将几百年前陀飞轮的发明者——宝玑大师的作品延续到了今天。宝玑陆续推出了多款带有复古风格的款式，以此来让世人更多地从视觉上了解到宝玑大师曾经的辉煌。

宝玑表的外观经典特征有：

① 由罗马数字构成的小时时标，以及采用巴黎之钉组合而成的盘面。

② 在珐琅盘表面上装饰优雅的数字，最纤薄细致的黄金表壳，壳体以及白银面的纹饰皆用人手精心雕琢而成。

③ 时分针造型是在指针末端处有镂空圆点，被称为 Pomme（法语，英文词义是 apple——苹果）时针，后来干脆被称为宝玑针。

④ 以造型命名的"降落伞防震装置"（Pare-Chute），使得调速系统可以得到很好的保护，从而不再那么容易受损，性能更加可靠。

⑤ 为了让游丝更加同心展缩而设计的挑框游丝调速系统，弥补了普通游丝只能偏心展缩产生的误差，影响了表的走时精度。

图 2-42 为宝玑传统系列 7047PT/11/9ZU 手表。宝玑推出的这款 7047 手表将传统工艺加以延续，并添加了最新研究成果，将高科技的灵魂倾注于古典外表之上，赋予传统以新生。该款手表拥有 18 世纪法国怀表的复古结构和鎏金、喷砂处理技法，佩戴者可以从中感受钟表历史流转的沧桑与艺术魅力；从表的正面能够看到中置发条盒、擒纵结构与传动轮系的运动，值得细细品味把玩。

机芯技术特征

① 机芯型号为 Cal.569，机芯直径为 36 毫米，此尺寸已经接近于当年的怀表尺寸了。所以这款表的设计初衷就是为了复古宝玑那个年代的款式。

② 机芯采用 18000 次 / 小时振频，此数级振频一般都是出现在怀表中，原因是摆轮很大，需要

图 2-42　宝玑传统系列 7047PT/11/9ZU 手表

采用相对较慢的摆动频率。此外，这款表的一个隐含的新技术必须值得关注——虽然游丝仍然是挑框结构，但是游丝本身的材料是硅，也就是说用如今很流行的硅材质制作出了挑框游丝。

③ 机芯共有 43 颗宝石轴承。

④ 动力储备为 50 小时。

⑤ 机芯的布局是 8 点位时分显示，2 点位经典陀飞轮显示。在盘面上，我们还可以看到很古老的技术——芝麻链上弦系统。

外观技术特征

① 表径为 41 毫米，表壳的厚度为 15.95 毫米，表壳采用的材质为 950 铂金。

② 圆形复古式表盘，机芯外露。

③ 表镜材质为蓝宝石水晶玻璃。

④ 表冠材质为 950 铂金。

⑤ 表带采用方形鳞纹鳄鱼皮制作。

2.5 芝柏"三金桥"经典陀飞轮

芝柏 (Girard-Perregaux) 表的创始人 J. F. Bautte 1791 年制作出他的第一块手表。1854 年，"芝柏"这一名字正式诞生。到 20 世纪初，芝柏的知名度不断扩大。1930 年，当手表销售量首次超过怀表销量时，芝柏 50 年前就定下的发展手表的策略被证明是正确的。1998 年，芝柏在日本建立分支机构，并有一款手表入选日本"年度最佳手表"。2000 年，芝柏在美国建立了分支机构。

芝柏作为具有百年历史的品牌被很多人推崇，这应该归功于此品牌于十九世纪末所创造出的品牌传家宝——"三金桥"陀飞轮。

2.5.1 "三金桥"发展史

芝柏陀飞轮怀表在生产初期制作出来的成品数量非常有限，1865～1890 年一共生产了 24 只。虽然数量很少，但是这项杰作屡获殊荣，在 1867 年和 1889 年的巴黎世博会中荣获金奖，在 1911 年获得 Neuchatel 天文台大奖。1982 年石英风暴还风高浪急的时候，芝柏很有魄力地复刻三金桥陀飞轮怀表（见图 2-43），在当时看似非常冒险的举动，也造就了芝柏这个品牌如今的地位。

芝柏最初设计的三金桥陀飞轮被放置于怀表的背面，从怀表到手表的改进需要做的有两点：其一是三金桥整体翻转至正面，从而展现三金桥那迷人的美感；其二是将 45 毫米直径的怀表机芯缩小到 28.6 毫米手表机芯。

代号 9900 的陀飞轮 1 号三金桥手表在

图 2-43 芝柏古董怀表

图 2-44　1966 单桥陀飞轮手表

1991 年的巴塞尔表展推出，特别是 1999 年问世的三金桥陀飞轮手表，后来成为知名的陀飞轮畅销手表之一。

2011 年，为了庆祝品牌创立届满 220 周年，芝柏特别为高级钟表系列推出一款以品牌历史和陀飞轮为灵感的新作——1966 单桥陀飞轮手表（见图 2-44），限量 50 只。

2.5.2　"三金桥"专利

1883 年 12 月 13 日，芝柏第一次申请了最早的三金桥外观设计，此时针对的是怀表。图 2-45 为其专利图。

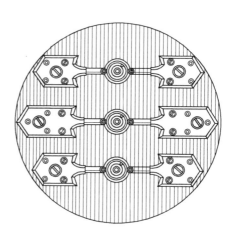

图 2-45　1883 年 12 月 13 日专利图

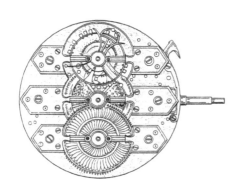

图 2-46　1990 年 9 月 27 日专利图

时隔 107 年后，1990 年 9 月 27 日芝柏又为复刻的重新设计的手表款三金桥申请了新的外观设计专利。图 2-46 为其专利图。

芝柏时隔 100 多年为同一设计风格的产品申请了两次专利，这在手表界是不多见的，原因在于此项外观设计得到了极度重视。从怀表盛行的 19 世纪到手表成为主流的 20 世纪，整整跨越了百年，一项技术要想不被时间淘汰，必须不断地创新，保持旺盛而强劲的生命力。

　　这两项专利保护的重点是：芝柏的宝玑式三金桥陀飞轮机芯的原动系；传动系——中心轮加连接陀飞轮的中间轮和陀飞轮通过三金桥连接成一条直线布局，这种传动的布局虽然看似简单，但是对于盘面的整体布局来说是必不可少的。

2.5.3 外观特征

(1) 装饰性

　　Ernest Guinand 陀飞轮大师为了让这项神奇的机构拥有无与伦比的艺术性美感，特别将机芯中的支承夹板做成了 K 金箭桥（见图 2-47）。该造型具有非凡的意味（可参考下文提到的与基督教有关的社会背景），在芝柏第一个申请的专利中已经将三金桥造型以及排布完整明示了。

（2）功能性

　　三金桥实际上就是三块支承夹板，并且在中间位置镶嵌了相当大的红宝石轴承。主要结构包括：作为机芯最重要组成部分的原动系（动力之源），与时间显示系直接关联的中心轮，最关键的旋转擒纵调速机构——陀飞轮的上支承。

图 2-47 K 金箭桥

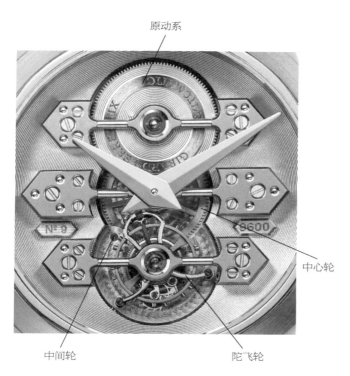

原动系

中心轮

中间轮　　　　　　陀飞轮

图 2-48　芝柏三金桥陀飞轮结构

2.5.4　技术特征

　　芝柏三金桥经典陀飞轮的结构与宝玑推出的陀飞轮基本上是一致的。实际上，经典陀飞轮已经形成了一种定式，只不过每个品牌都会针对本品牌的理念来做适当的调整，尤其是最上层夹板的造型，很多品牌都采用了贴近品牌标志性的设计。比如江诗丹顿的经典马耳他十字上层夹板，同样也根据本品牌的企业文化和理念设计了自己独有的经典陀飞轮。不只是上层夹板的变化，相比较宝玑推出的经典陀飞轮构架，芝柏的经典陀飞轮结构更为简洁一些。特别是作为该陀飞轮的支承框架——上层夹板和中层夹板，在中层夹板的其中一端安置了两个 K 金的螺钉，它们起配重作用，也就是作为平衡用砝码，这样的配置可以让陀飞轮框架整体在转动过程中保持平衡。

　　芝柏的三金桥陀飞轮（其结构见图 2-48）最大的特色是通过有意识的机芯布局——三点一线，从而特别突出了机芯内部各组成部分之间的衔接。这三块非常有创意的夹板演示的工作过程令人动容，有人说那三块夹板代表了三位一体（Trinity）：圣父 (the Father)、圣子 (the Son)、圣灵 (the Holy Ghost)，据说跟基督有关联，反映了当时的社会背景。

2.5.5 技术品鉴

芝柏的三金桥陀飞轮具有无可媲美的美感和高贵的出身，对于品牌来说，是具有标志性的技术以及极佳的外观表现力。三金桥陀飞轮可以让人过目不忘，远远地看过去就知道是芝柏三金桥，基因纯正。图 2-49 为芝柏高级钟表系列 99193-52-000-BA6A 手表。

图 2-49 芝柏高级钟表系列 99193-52-000-BA6A 手表

机芯技术特征

① 芝柏 GP9600C 机芯，直径 28.6 毫米，厚度 6.22 毫米。

② 机芯共有 257 个零件，30 个宝石轴承。

③ Breguet 上绕游丝，菲力普斯末端曲线，摆轮游丝系统的振频是 21600 次 / 小时。

④ 动力储备 48 小时。

外观技术特征

① 圆形 18K 玫瑰金表壳，表径 41 毫米，厚度 11.95 毫米。

② 圆形镂空表盘。

③ 黑色鳄鱼皮表带。

④ 18K 玫瑰金表扣。

⑤ 密底式表背。

⑥ 防水深度 30 米。

知识链接 ——恒定动力系统

近些年，恒定动力系统在手表上的应用越来越热，特别是在 2015 年的巴塞尔展会上，芝柏推出的很概念化的恒定动力调速机构以及万国推出的恒定动力陀飞轮，把恒定动力技术推向了新的高度。笔者从几年前就开始研究这项技术（朗格的 31 日链恒定动力系统）。

（1）理论背景

根据虎克定律，手表机芯内原动系输出的发条弹性势能，其扭矩从满条时的最大值到发条松弛状态时的最小值变化非常大。因此，让它在上满条跟发条放松时传送出相等的动力是不可能的，尤其是发条放松到后期（一般是超过了总量一半）的时候，扭矩会快速地下降，前后的扭矩落差会对调速机构产生等时性影响（最直接的是摆轮的摆幅，特别是机芯垂直放置时的摆幅，会降低很多），这样导致手表的走时精度随之降低。

（2）解决方案

为了战胜这个定律，达文西在 500 年前发明了均力圆锥轮原理，而以此原理所发明的技术正是我们熟知的芝麻链传动系统。此系统的标志性结构特征是形似埃及金字塔的宝塔轮和缠绕在宝塔轮上形似芝麻的链条。此技术可以起到恒定动力效应的原理是芝麻链条的一端缠绕在原动系的条盒轮上，另一端缠绕在宝塔轮上。宝塔轮经过严格的计算形成了塔状，从上往下分层次的直径逐渐变大，这样做的意图是当条盒轮满弦时，链条位于宝塔轮最顶端位置；而当条盒轮空弦的时候，链条位于宝塔轮最底端位置。根据力的公式，满弦与空弦时力矩与力臂的乘积相等，说明了发条盒在满弦和空弦状态下的力矩是以相对均衡的数值输出的。芝麻链恒动力系统虽然是项古老的技术（最早被应用于航海用船钟），但是近几年复古技术盛行，此技术又被钟表品牌和独立制表师挖掘出来焕发了新的生机。

2.6 万国"恒定动力"经典陀飞轮

万国 (IWC) 创立于 1868 年，创始人是美国人佛罗伦汀·琼斯 (Florentine A·Jones)。万国表有"机械表专家"之称，每只万国手表都要经历 28 次独立测试（目前隶属瑞士历峰集团）。如今，万国表在全球有700多个销售点，产品主要销往远东、瑞士和德国。

　　由工程师、制表师以及设计师们组成的万国表研发团队耗时10年之久，研发了一项非常复杂、整合于陀飞轮之中的恒定动力系统。万国表的这项研发于2013年首次应用在工程师手表家族中的工程师恒定动力陀飞轮手表（型号IW590001）中，并且在巴塞尔国际钟表展亮相。万国恒定动力陀飞轮（见图2-50）更是把这项技术进行了新的诠释，给了大家耳目一新的体验。陀飞轮与恒定动力的融合绝对是相当有想法的创意。

图2-50　万国恒定动力陀飞轮

2.6.1　恒定动力系统

　　恒定动力系统必备的组成部分是恒动擒纵轮、恒动擒纵叉、恒动转子和恒动游丝。万国的恒定动力系统与朗格的恒定动力系统相比较，共同点是同样拥有这四个核心部分，不同点是朗格的系统是相对独立存在的，它存在于传动系和调速机构的中间位置，实现了"智能阀门"的作用，而万国的系统被整合进入陀飞轮机构。了解陀飞轮机构的读者应该都知道，陀飞轮本身正是可以旋转的调速机构（参考专利号 US2003112709A1）。

　　此系统（见图 2-51）的结构特征是：恒动擒纵轮 1 被设置于动力输入轮 5 上，它的齿轴 2 取代了调速机构的擒纵轮 6 与固定于夹板上的秒轮片 12 连接；调速机构的擒纵轮 6 与恒动游丝 8 以及恒动转子 7 同轴固定为一体；恒动擒纵叉 11 的旋转轴位于陀飞轮的中心轴上。此时，恒动擒纵轮 1 的一个单齿被恒动擒纵叉 11 的恒动出瓦 10 锁住。3 为恒动进瓦，4 为恒动擒纵叉，9 为擒纵叉。

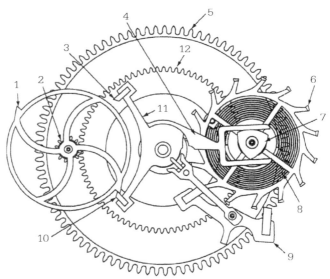

图 2-51　万国恒定动力系统的结构图

2.6.2　工作原理

　　动力输入轮 5 带动恒动擒纵轮 1 围绕陀飞轮的中心轴公转，同时在自转。当系统被锁定时，相应的调速机构内的擒纵机构也处于锁定状态。由于摆轮的摆动将擒纵机构的擒纵轮释放，恒动游丝 8 从卷紧的状态下放松，输出的扭力驱动擒纵轮转过了一个齿距。由于摆轮游丝系统的摆频为 18000 次 / 小时，恒动游丝 8 从卷紧到放松用时 1 秒。在这个时间段，摆轮完成了 5 次单摆。通过恒定动力系统有节奏地提供动力，使得陀飞轮跳动性地旋转。

2.6.3 技术品鉴

图 2-52 为万国 Constant-Force Tourbillon 恒定动力陀飞轮手表系列 IW590001 手表。万国的这款恒定动力陀飞轮手表主要亮点集中在陀飞轮身上了。恒定动力机构与经典陀飞轮机构的相互融合需要仔细地观察琢磨其远转起来的机械动态美感。

机芯技术特征

① 万国 94800 机芯，共有 43 个宝石轴承。

② Glucydur 摆轮游丝系统的振频是 18000 次 / 小时。

③ 动力储备 96 小时 。

④ 9 点位恒定动力陀飞轮。

⑤ 2 点位南北半球月相显示。

图 2-52 万国 Constant-Force Tourbillon 恒定动力陀飞轮手表系列 IW590001 手表

外观技术特征

① 圆形 950 铂金 / 陶瓷表壳，表径 46 毫米，厚度 14 毫米。

② 9 点位恒定动力陀飞轮与小秒针显示。

③ 2 点位南北半球月相显示。

④ 4 点位 96 小时动力储备显示。

⑤ 圆形黑色表盘，蓝宝石水晶玻璃，双面防反光平面蓝宝石玻璃表镜。

⑥ 旋入式表冠。

⑦ 黑色鳄鱼皮表带。

⑧ 防水深度 120 米。

知识链接 —— 游丝

机械表的摆轮运动是一种简谐运动，而游丝的作用就是维持摆轮在摆动时的惯性力矩与摆幅周期，并与摆轮组成振频系统，获得一定的振动周期，以达到精确计时的目的。游丝对于机械表来说是非常核心的元件，可以说是掌握了机械表的命脉。

（1）发展史

早期的铁基合金游丝因为受限于科技与制作技术，大多以铁或是其他合金打造而成，除了容易锈蚀与受磁而影响精准度之外，弹性系数较低也增加了发条动力的消耗，所以早期的手表其储能时间都很难超过 40 小时以上。1933 年，以镍、铬、铁所冶炼的特殊合金制造的游丝诞生，它除了拥有不错的抗磁性（但并非防磁）外，更具有极佳的抗温差能力，即使在温差极大的环境中，使用此游丝的机械钟表对温度的敏感性也不高。进入 21 世纪以后，瑞士各大钟表品牌均开始研发新一代以硅晶体为基础材质的游丝。

（2）基本要求

① 具有稳定的弹性特性。

② 较少的弹性迟滞现象。

③ 较小的温度系数（热弹性系数）。

④ 良好的防磁性能和抗蚀性能。

⑤ 螺距相等。

⑥ 游丝的重心应尽量与几何中心一致。

游丝自身的重心、材料和同心度问题，以及它受到温度和磁场这两个环境因素都直接对摆轮游丝系统的振动周期产生影响，进而影响机械表的计时精度。

2.7 万宝龙"双柱形游丝"经典陀飞轮

万宝龙于 2011 年日内瓦高级钟表展推出维莱尔 1858 系列，搭载了双圆柱形游丝技术的 Tourbillon Bi-Cylindrique 陀飞轮手表。此款手表的最大亮点是首次采用了双圆柱形游丝结构（简称"双柱形游丝"），同时此技术被应用于高端的陀飞轮结构中。此次的技术突破点是将 18 世纪航海天文钟极奇精准的圆柱游丝擒纵结构缩小并移植至手表的陀飞轮框架内，尤其是两个圆柱游丝并存。

2.7.1 双柱形游丝

双柱形游丝具有以下特点。

① 传统的游丝是沿单一水平面展缩振动，而圆柱游丝是沿游丝的圆柱垂直轴心线环绕着中央的螺旋线展缩。

② 圆柱游丝与传统游丝的形状都是以涡旋线为基础而制作的弹性金属元件。传统游丝由圆心起沿同一平面一圈一圈向外卷，与圆心距离不断加大，最后形成了平面状涡旋线。圆柱游丝的螺线一圈一圈层层相叠而形成圆柱体，每圈与圆心距离一致。这种结构可以消除传统线圈形游丝出现重心偏差的致命伤，第二个优点是绝对的同心性及对称性。

③ 两组圆柱游丝被同时放置，一内一外但扭力相同，两者循相反方向运作（即一展开一收缩），由于扭力相同，可以进一步加强等时性效率。

图 2-53 为万宝龙双圆柱游丝陀飞轮。

图 2-53 万宝龙双圆柱游丝陀飞轮

2.7.2 技术品鉴

图 2-54 为万宝龙维莱尔 1858 系列 Tourbillon Bi-Cylindrique 双圆柱游丝陀飞轮手表。万宝龙这款陀飞轮是笔者非常喜欢的，它既融合了不可思议的陀飞轮新技术——双柱形游丝，又实现了神秘指针功能，再结合优秀的外观设计，真是美不胜收。

机芯技术特征

①自制 Caliber MB M65.63 手动上链机芯，直径为 38.4 毫米，厚度为 10.3 毫米。

②机芯共有 284 个零件，26 颗宝石轴承，动力储备 46 小时。

③直径为 14.5 毫米，转动惯量为 59 毫克·平方厘米的螺丝摆轮与双圆柱游丝构成调速系统，摆频为每小时 18000 次 (2.5 赫兹)。

④12 点位陀飞轮，直径 18.4 毫米，共有 95 个零件，重 0.96 克，1 分钟

旋转一周。

⑤夹板采用镀铑德国白铜夹板，双面微凹鱼鳞纹打磨，边缘倒角。

⑥传动轮采用 2N 镀金，鱼鳞纹打磨，倒角，双面钻石打磨。

⑦齿轴采用抛光表面及齿牙，磨光芯轴。

⑧6 点位时分针显示。

外观技术特征

①表壳的材料使用：铂金限量 1 枚，18K 金（白色）及 18K 玫瑰金各限量 8 枚，采用了弧形防眩处理水晶玻璃表镜。

②表壳尺寸为直径 47 毫米，厚度 15 毫米。

③防水 30 米。

④表冠镶有珍珠贝母万宝龙星形标志。

⑤水晶玻璃片印黑色金属面指针图案。

⑥手缝鳄鱼皮表带，分别配铂金、18K 金（白色）或 18K 玫瑰金针扣。

图 2-54　万宝龙维莱尔 1858 系列 Tourbillon Bi-Cylindrique 双圆柱游丝陀飞轮手表

陀飞轮技术继宝玑大师发明之后被众多的制表大师传承，虽然此技术已经有百年的历史，但是就目前的状态来看，此技术仍然没有进入衰败期，而是处于最为充满活力的成熟期。此技术经过几代制表大师的创新而不断地焕发出顽强的生命力。就本章所讲到的经典陀飞轮而言，它得到了很多知名大品牌的垂青，特别是百达翡丽和江诗丹顿。这两个品牌都是以传统而闻名的，那么对于最具有传统气息的陀飞轮，必然会倾力打造。芝柏在保持传统的前提下，将经典陀飞轮的美发挥到了极致。宝玑的防震机构、万宝龙的双柱形游丝和万国的恒定动力机构都属于高端创新技术，目的是为了让本品牌的经典陀飞轮在细节上更加精益求精，以便让配置这些创新技术的陀飞轮手表实现更佳的计时性能。

第 3 章

飞行陀飞轮
—— 无需支架 漂浮旋转

飞行陀飞轮是由德国制表业发源地格拉苏蒂的制表师 Alfred Helwig 于 1922 年发明的。所谓飞行陀飞轮，是将经典陀飞轮中的飞轮固定支架构件去掉，从外观看上去，整个旋转框架是悬浮起来的。飞行陀飞轮相对于经典陀飞轮的优势是陀飞轮旋转框架没有了遮挡，能够完全显现出来，在运转的时候具有悬浮的效果，提高了陀飞轮的新奇感以及动态表现力。

3.1 瑞宝"原创"飞行陀飞轮

瑞宝（Choronoswiss）由德国当代制表大师 Gerd-Rüdiger Lang（1943 年出生于德国布伦瑞克）于 1982 年在慕尼黑建立。2001 年，瑞宝推出了三针一线的规范式陀飞轮手表。规范针作为瑞宝品牌独具特色的款式，配合陀飞轮技术从而进一步提升了品牌的价值。

3.1.1 技术特征

飞行陀飞轮的技术特征是将原先经典陀飞轮的上层固定支架去掉，陀飞轮整体框架的上下支承都被设置于框架的最下端位置。其设置方式通常有两种：一种是延续了宝石轴承支承方式；另一种是滚珠轴承支承式。根据专利分析，滚珠轴承支承式是由瑞宝品牌首先创造出来的（图 3-1 为瑞宝飞行陀飞轮立体效果图）。滚珠轴承首先被固定于陀飞轮下方的夹板上，起到承上启下的作用。承上是指连接陀飞

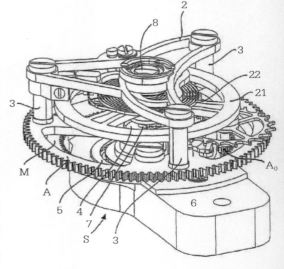

图 3-1 瑞宝飞行陀飞轮立体效果图

轮整体框架以及内部的调速机构；启下是指滚珠轴承被设置在陀飞轮动力输入端，使得飞行陀飞轮得以实现浮动平稳的运行。如今这类陀飞轮被更多的品牌采用，具有代表性的是格拉苏蒂和豪雅。

3.1.2 技术品鉴

瑞宝的三针一线规范针陀飞轮手表（Regulateur Tourbillon，图 3-2）采用了 28800 次 / 小时的高振频，同时使用双发条盒结构，使得走时长度可以达到 72 小时，规范式盘面让读取时间更加清晰。

机芯技术特征

① Cal.361 手上链机芯，共有 23 颗宝石轴承。
② 采用双发条盒结构，储能 72 小时。
③ 摆轮游丝系统的振频为 28800 次 / 小时。
④ 三针一线规范针显示，6 点位飞行陀飞轮，每分钟旋转一周。

外观技术特征

① 表壳为直径 38 毫米的圆形 18K 玫瑰金。
② 蓝宝石水晶镜面与表背。
③ 规范式时间显示，恒动小秒针。
④ 925 纯银面盘。

图 3-2 瑞宝 Regulateur Tourbillon

3.2 宝珀"飞翔"飞行陀飞轮

宝珀（Blancpain）是现存手表品牌中历史最久的，创建于 1735 年，品牌口号是"只做机械表"。宝珀标志性的偏心式陀飞轮无疑是此类陀飞轮技术的经典代表，该品牌的偏心式陀飞轮在结构方面的特征是用于调校游丝的外桩后置，此设计让陀飞轮框架更加合理，并且框架厚度可以相应地减薄；在外观方面深入人心的设计就是陀飞轮最上层采用燕形夹板，令观赏者对此设计过目难忘！

3.2.1 同轴式 PK 偏心式

在各品牌最新推出的陀飞轮表款当中，飞行陀飞轮在应用上要比经典陀飞轮更广泛，究其原因，主要是现代人对陀飞轮的追求，已从最开始的提高计时精准度变为体现动感美。飞行陀飞轮根据结构的差异可以分为两种类型：同轴式和偏心式。那么如何区分这两种结构形式的飞行陀飞轮呢？

第一种方法是看陀飞轮中摆轮游丝的摆放位置。摆轮游丝的回转轴心是不是与陀飞轮框架的旋转轴心重合？如果是，便是同轴式；如果不是，那就应该被归入偏心式。

第二种方法是看擒纵机构。偏心式陀飞轮采用的是传统的杠杆式擒纵机构，俗称"直马"，此结构对于加工制造来说相对简单，基本上可以延用现有的技术。同轴式陀飞轮采用的是以杠杆式擒纵机构为基础，专门设计的转角式擒纵机构，俗称"K 马"。我们可以看到，摆轮游丝置于中心，同时擒纵轮被置于周边，那么擒纵系统必须形成一定角度才可以实现整体的结构布局。

第二种方法不是绝对的，因为后来少数品牌也采用了直马作为同轴式陀飞轮的擒纵机构，所以第一种方法还是更靠谱一些。

3.2.2 技术特征

宝珀偏心式陀飞轮从普通机械表传动轮系至陀飞轮传动轮系演变过程的关键是固定的秒轮片、擒纵机构和摆轮游丝系统被整合进入陀飞轮框架，从而构成了一套行星轮系，如图 3-3~ 图 3-5 所示。其中，擒纵轮作为行星轮，齿轴与固定的秒轮片（太阳轮）连接，轮片与擒纵叉连接构成擒纵机构再与摆轮游丝系统相配合，条盒轮输出的能量通过传动轮系输入给固定于陀飞轮框架的秒齿轴，使得陀飞轮开始运转起来。

陀飞轮

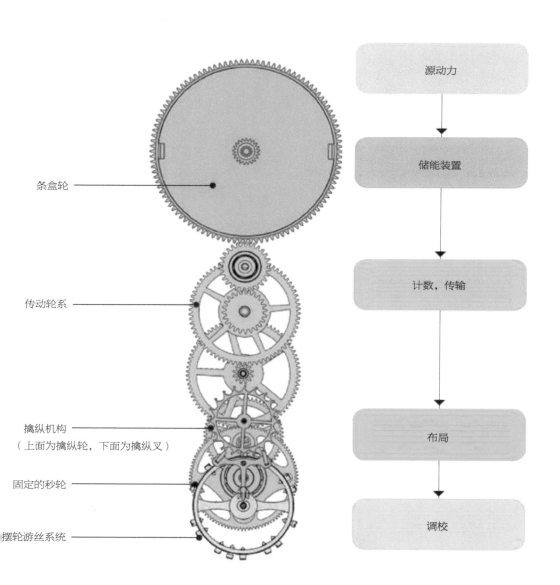

图 3-3　偏心式陀飞轮传动图

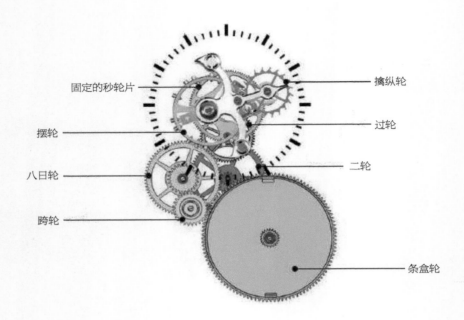

图 3-4 宝珀偏心式陀飞轮正视图

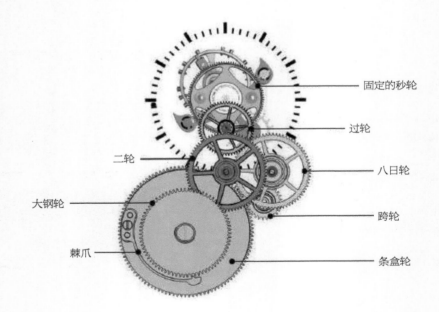

图 3-5 宝珀偏心式陀飞轮后视图

3.2.3 技术品鉴

笔者对宝珀品牌的第一印象就是它的燕形夹板偏心式陀飞轮，在 12 点位更是体现了此品牌对于陀飞轮的重视。可以这么说，提到宝珀，几乎没有人不知道这款经典的陀飞轮位置与造型。此外，宝珀的外观设计也很典雅，受到很多人的喜爱。

宝珀于 1989 年推出搭载 Calibre 23 机芯的最薄飞行陀飞轮手表，于 1998 年推出搭载 Calibre25 机芯的世界上首枚拥有 8 日动力储存的自动上链陀飞轮手表。2014 年瑞士巴塞尔国际钟表展，宝珀推出了全新的十二日长动力陀飞轮手表（如图 3-6 所示）。此款手表采用单条盒机构，实现了 12 日动力的储备，展现了高超的技术实力。

机芯技术特征

① Cal.242 自动机芯，共有 243 个零件。

② 直径为 30.60 毫米，厚度为 6.10 毫米。

③ 采用单发条盒结构，储存能量 12 日。

④ 搭载用于减弱磁场影响的硅质摆轮游丝及擒纵叉。

⑤ 12 点位飞行陀飞轮，每 60 秒旋转一周。

图 3-6 宝珀 Villeret 系列
十二日长动力陀飞轮手表

外观技术特征

① 表壳为直径 42 毫米的圆形铂金款。

② 蓝宝石水晶镜面与表背。

③ 中心镂空柳叶形时分针显示，12 点位飞行偏心式陀飞轮显示。

④ 表盘和表盘上的彩绘罗马数字小时刻度采用大明火珐琅工艺。

⑤ 巧克力色短吻鳄鱼皮表带，alzavel 小牛皮内衬，并配有三重折叠表扣。

3.3 伯爵"薄型"飞行陀飞轮

伯爵（Piaget）于 1874 年，由乔治·爱德华·伯爵（Georges Edouard Piaget）以机芯制作起家（目前隶属瑞士历峰集团）。1940 年，Piaget 的孙子为伯爵表的发展开拓了国际市场。1956 年，伯爵表推出了超薄机芯。20 世纪 60 年代以来，伯爵一边致力于复杂机芯的研究，一边发展顶级珠宝首饰的设计。从设计、制作蜡模型到镶嵌宝石，伯爵表始终秉承精益求精的宗旨。其"手铐手表"(cuff watches) 和"硬币手表"(coin watches) 设计出众，是伯爵表中的珍品。

3.3.1 技术特征

① 图 3-7 和图 3-8 是伯爵偏心陀飞轮结构图和分解图。其技术特征主要有以下几方面。偏心式陀飞轮采用了机械表使用最为广泛的杠杆式擒纵机构。此类擒纵机构设计的调速机构特征是直线式布局。所谓直线式是指摆轮游丝系统 11、擒纵叉 13 和擒纵轮 14 的转动轴心线以一条直线分布。此类布局属于平铺类，相比于经典陀飞轮的转角式要简单很多。

② 依托平铺式布局的调速机构，陀飞轮框架的设计也同样可以简化不少。前文经典陀飞轮的结构部分提到了三层夹板框架构造，这是陀飞轮的最基础构造方式。

a. 伯爵这款偏心式陀飞轮框架结构的下层夹板 1 作为调速机构的下支承载体，镶嵌了摆轮游丝系统 11 的下支承防震器、擒纵叉 13 和擒纵轮 14 的下支承宝石。

b. 中层夹板 2 镶嵌了擒纵叉 13 和擒纵轮 14 的上支承宝石与下层夹板对接。

c. 上层夹板 3（带有伯爵品牌标志性的镂空字母"P"以及尖端秒针造型）镶嵌了摆轮游丝系统 11 的上支承防震器，与中层夹板对接。两根支撑柱 4 的上端分别贯穿了中层和上层夹板的 7、8 定位孔，下端与下层夹板定位孔 6 对接，四个螺钉 9 把三层夹板固定成一体，同时内部夹心调速机构也被控制。伯爵的此款陀飞轮框架结构在形成方式上与一种食物"三明治"近似——外层包裹核心。

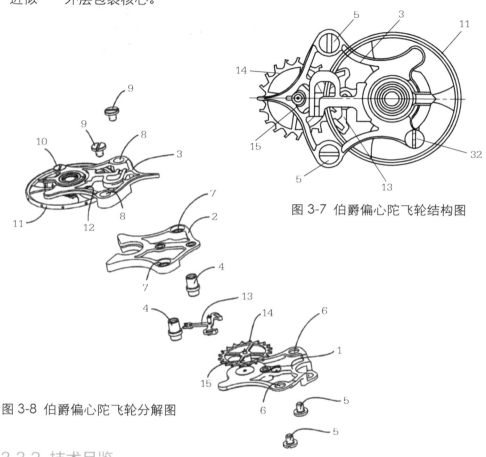

图 3-7　伯爵偏心陀飞轮结构图

图 3-8　伯爵偏心陀飞轮分解图

3.3.2　技术品鉴

伯爵在陀飞轮的研发方面始终秉承着看家本领——薄型机芯的传统，其推出的偏心式飞行陀飞轮可以说是近十年同类型陀飞轮中最薄的（如今已经出现了强劲的竞争对手）。对于机械表来说，薄型是个永远的话题，追求极致是每一位制表大师的梦想。伯爵在多项顶级制表技艺上都以薄作为最初的策划重点，特别是所谓的三大经典技术都是以薄取胜。如图 3-9 所示的伯爵 Polo 白 K 全钻陀飞轮手表即为薄型偏心式飞行陀飞轮。陀飞轮要想做得薄，首先要确定的是必须采用偏心式结构，并且飞行结构也是最优的选择。

机芯技术特征

① 伯爵 600P 手动上链陀飞轮机芯，厚 3.5 毫米。

② 采用单发条盒结构，储能 40 小时。

③ 摆轮游丝系统的振频为 21600 次 / 小时。

④ 12 点位偏心式飞行陀飞轮，每分钟旋转一周。

⑤ 中心时分针显示，6 点位动能显示。

外观技术特征

① 圆形 18K 金（白色）表壳镶 120 颗总重量约 16.2 克拉梯形钻石。

② 表面镶 97 颗总重量约 5.5 克拉梯形钻石，40 颗梯形切割蓝宝石。

③ 表背镶 169 颗总重 3.5 克拉钻石。

④ 表冠镶 1 颗美钻和 12 颗方形钻石。

⑤ 表带镶 360 颗总重约 34.1 克拉方形钻石。

图 3-9 伯爵 Polo 白 K 全钻陀飞轮手表

 知识链接 —— 超薄机械表

　　超薄机械手表的设计难度不亚于我们常说的经典复杂技术。其实，瑞士钟表工业长期追求的至高境界正是"超薄"。因为对戴表的人来说，超薄意味着优雅，优雅意味着高贵。擅长超薄表的品牌，恰好也是日内瓦地区长期为皇室贵族服务的钟表和珠宝品牌。超薄手表手上链机芯的直径一般在 3 毫米以内，而超薄手表自动上链机芯的厚度则在 5 毫米以内。机芯由数以百计的微小零件组成，要将这些零件都加工得薄如蝉翼无疑难上加难，而百年来各大品牌却在向没有最薄、只有更薄的巅峰不断发起挑战。

超薄竞赛的高潮出现在上世纪中叶，积家在雅克－大卫·勒考特接管手表生产期间，推出了一系列超薄机芯。其中一款机芯厚度不超过 1.38 毫米，令积家名声大振。

随后，爱彼也不甘示弱，在 1946 年推出了一款厚度仅有 1.64 毫米的超薄手动上链机芯。在这款机芯的基础上，爱彼又于 1953 年推出了 Cal.2003 镂空超薄机芯。十几年后，爱彼又推出了改进后的 Cal.2120 自动上链超薄机芯，采用中央摆陀设计，厚度仅有 2.45mm。

1960 年，伯爵推出了机芯厚度仅有 2.3 毫米的自动上链超薄手表，荣登"吉尼斯世界纪录"。在此期间，百达翡丽、江诗丹顿等顶级手表品牌也都纷纷推出了自己的超薄手表。

3.4 宝格丽"超薄"飞行陀飞轮

在 2014 年巴塞尔钟表展上，宝格丽推出了在超薄陀飞轮领域具有里程碑意义的 Octo Finissimo 手表（见图 3-10），其厚度只有 5mm，搭载的陀飞轮机芯厚度仅为 1.95 mm。如此超薄尺寸的陀飞轮在现有市场上，可以说是最为纤细、独一无二、前所未有的。笔者研发陀飞轮机械表机芯十余年，当听到如此厚度的机芯时，大吃一惊。看过了官方的资料与图片后，才明白宝格丽是如何做到的。高精密微型球轴承目前已经可以被做到外径很小、厚度很薄的程度，尤其是其精度以微米来计算的。

3.4.1 技术特征

有些机械常识的读者，对球轴承应该有所认识。但是用在机械表里面的球轴承，恐怕了解的读者就少多了。我们比较熟悉的是带有自动上弦功能的手表，其承载自动陀的就是一个球轴承。只是，对于用于机械表传动

图 3-10 宝格丽超薄 Octo Finissimo 陀飞轮手表

轮系里面的球轴承，笔者也是在后来看到了一些资料以后才有所认知。轴承的制造水平可以代表机械化产业的制造能力。瑞士在精密加工制造方面的优势是无可比拟的。高科技带来的实惠，于瑞士制表业而言如虎添翼。宝格丽此款超薄陀飞轮正是得益于微型高精密轴承的使用。图 3-11 为宝格丽超薄 Octo Finissimo 陀飞轮分解图。其机芯的整体布局特点如下。

　　① 机芯只采用一块夹板，也就是俗称的主夹板。为了保证机芯的超薄厚度，取消了传统轮轴采用上下宝石轴承支撑的方式，使用了七个微型球轴承作为传动轮系的支撑固定于主夹板上。

　　② 为了作为陀飞轮框架的支撑，结合陀飞轮机构专门设计了一个微型滚珠轴承固定于主夹板上。此外，擒纵轮也是被一个球轴承来控制的。

　　③ 为了达到超薄陀飞轮的目的，并且是同轴式陀飞轮结构，采用砝码摆无卡度摆轮游丝系统。将传统机械表惯用的快慢针、外桩环结构取消，直接通过调节砝码的方式，来调校精度。

　　④ 由于此机芯的主导思想就是取消宝石轴承支撑方式，对于原动系统来说也是如此。发条盒由三个微型球轴承控制固定在主夹板上。这样设计可以尽可能保证发条的尺寸，使得动力储存将近 55 个小时。

图 3-11　宝格丽超薄 Octo Finissimo 陀飞轮分解图

3.4.2　技术品鉴

　　宝格丽的这款超薄陀飞轮，还是同轴式结构，让笔者很是着迷。这款陀飞轮充分展现了宝格丽所拥有的超强技术实力，得益于设计师与工程师的紧密配合，最终诞生了此款具有划时代意义的超薄陀飞轮手表。当然，宝格丽在外观设计方面也是功力深厚。

机芯技术特征

　① 超薄手动上链飞行陀飞轮机芯，总共 249 个零件。
　② 机芯的直径为 32.6 毫米，厚度仅为 1.95 毫米。
　③ 摆轮游丝系统采用砝码式无卡度结构，振频为 21600 次 / 小时。
　④ 每分钟旋转一周的同轴式陀飞轮被安装在边缘驱动超薄球轴承系统上。
　⑤ 大约 55 小时动力储备。

外观技术特征

　① 铂金表壳，厚度为 5 毫米，直径为 40 毫米。
　② 黑色抛光漆面表盘。
　③ 黑色鳄鱼皮表带。

知识链接 —— 同轴擒纵机构

　　由制表业非常著名的乔治·丹尼尔斯 (George Daniels) 博士经过 15 年的时间，于 1974 年研制成功"同轴擒纵机构"。它的设计初衷是将擒纵轮与擒纵叉之间垂直方向的摩擦变为平行方向的，由于摩擦方向的改变从而减少了擒纵机构零部件之间的相互摩擦，带来的益处是降低了能量的消耗，使得配备"同轴擒纵机构"的机械手表保养洗油周期延长至每十年，甚至更长的时间。最重要的是确保了机械手表精准度保持长久的极高稳定性（参考专利号 EP0018796A2）。

　　然而，它的实现历程颇为坎坷，乔治·丹尼尔博士在研制成功后，曾先后向百达翡丽和劳力士寻求合作，但都遭到拒绝。最后是欧米茄大胆创新，采纳了他的新型擒纵结构，也使得这项专利专属于欧米茄，其他厂商都无法拥有。此技术经过几十年的发展已经非常成熟，成为欧米茄品牌最具标志性的专利技术。

　　欧米茄决定采纳这项技术的时候，他们就在考虑如何将它配置于自己的机芯当中，更进一步考虑的是如何才能使该陀飞轮满足批量生产的要求配置于欧米茄更多的机芯当中。最终欧米茄的设计师将乔治·丹尼尔斯博士设计的"同轴擒纵机构"进行了彻底的改造，对每一个零部件都重新设计，虽然看起来改良后的"同轴擒纵机构"与原创相比已经面目全非，但是它们的灵魂是相同的，也就是说改良后的"同轴擒纵机构"仍然保持着原创的精髓。1999 年，欧米茄推出了装置有改良后的"同轴擒纵系统"的 2500 机芯（参考专利号 CN1188754C）。

1. 原创版技术特征

　　图 3-12 为乔治·丹尼尔斯博士原创版"同轴擒纵机构"立体效果图，其技术特征如下。

　　① 所谓的"同轴"是将杠杆式擒纵机构中的一个擒纵轮扩展为两个擒纵轮，即包括主擒纵轮 1 与副擒纵轮 2，并且两者同轴共同转动，其中主擒纵轮 1 是此擒纵机构的主力，它既要直接将能量传递给摆轮游丝系统，还要驱动副擒纵轮 2 间接将能量传递给摆轮游丝系统。

②　同轴擒纵机构里镶嵌在擒纵叉上的进瓦与出瓦从杠杆式的两颗宝石分解成为此机构的四颗，第一颗宝石 11 与第二颗宝石 6 一右一左被固定在擒纵叉 8 的叉身上，它们的职责相当于杠杆式擒纵机构里的进瓦与出瓦锁接与释放主擒纵轮 1，以控制它的转动速度。第三颗宝石 10 被镶嵌在擒纵叉 8 叉身靠近叉轴 9 的位置上，它的职责相当于杠杆式擒纵机构里的进瓦，副擒纵轮 2 在主擒纵轮 1 的带动下与进瓦相互碰撞并将能量通过擒纵叉传递给摆轮游丝系统。第四颗宝石 15 位于已经固定了圆盘钉 19 的双圆盘上，它的职责相当于杠杆式擒纵机构里的出瓦，主擒纵轮 1 通过它将能量直接传递给摆轮游丝系统。

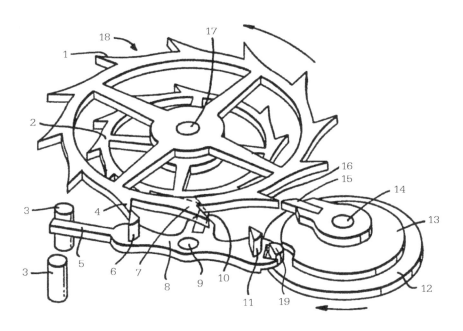

图 3-12　乔治·丹尼尔斯博士原创版 "同轴擒纵机构" 立体效果图

1—主擒纵轮；2—副擒纵轮；3—限位钉；4—第二擒纵轮齿；

5—限位杆；6—第二颗宝石；7—第三擒纵轮齿；8—擒纵叉；

9—叉轴；10—第三颗宝石；11—第一颗宝石；12—大圆盘；

13—小圆盘；14—双圆盘轴；15—第四颗宝石；16—第一擒纵轮齿；

17-擒纵轮轴；18-擒纵轮组件；19-圆盘钉

2.改进版技术特征

图3-13为欧米茄改进版"同轴擒纵机构"立体效果图,其技术特征如下。

① 主擒纵轮1、副擒纵轮2的齿形显而易见被重新设计了,而变化最大的是副擒纵轮2的齿形,其变化的目的在于既可以与驱动轮5相啮合,又可以与擒纵叉9上的宝石7完成能量的传冲。

② 负责控制主擒纵轮1的两颗宝石8和12从原来的柱状改造为形似杠杆式擒纵机构里的进瓦与出瓦形状,这样改进的好处是可以采纳传统加工方式,使得它们更便于被镶嵌和固定,此外,将它们从柱状改变为扁平状可以减少此机构的整体厚度。

③ 为了增加此机构的可靠性,在杠杆式擒纵机构里被使用的叉头钉现在再次被安装在叉头上。

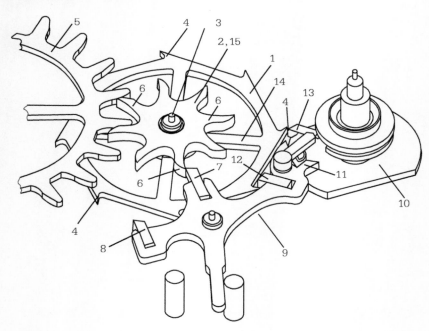

图 3-13 欧米茄改进版 "同轴擒纵机构" 立体效果图

1—主擒纵轮；2—副擒纵轮；3—擒纵轮轴；4,6—擒纵轮齿；

5—动力输入轮；7,8,12—擒纵叉瓦；9—擒纵叉；10—大圆盘；

11—擒纵叉口；13—圆盘瓦；14—主擒纵轮轮辐；15—擒纵轮组件

3. 杠杆式擒纵机构 PK 同轴擒纵机构

（1）杠杆式擒纵机构的优点

① 结构相对简单。

② 虽然对零件加工精度有一定的要求，但是其加工难度不高，适合大批量生产。

③ 整体结构经过上百年的考验和实践，其可靠性和稳定性已经得到了充分的验证。

（2）杠杆式擒纵机构的缺点

此结构在运动过程中受到较大的碰撞与摩擦而使得能量消耗大，工作效率不高。

（3）同轴擒纵机构的优点

① 改变杠杆式擒纵机构擒纵轮、擒纵叉与双圆盘的位置关系使其结构紧凑，这样可使擒纵叉与擒纵轮的距离缩短以利于减少耗能，并可在冲撞发生的时候同时减少外来冲击力对擒纵叉的影响。

② 主、副擒纵轮采用尖齿形，这样可以使得主擒纵轮与双圆盘上的宝石以及副擒纵轮与擒纵叉上的宝石传冲能量的碰撞与滑动的时间减短，并且可以减少接触面，从而减少摩擦力。它的运作效果类似于齿轮和齿轮间的啮合方式，这意味着该机构不太需要润滑油，仍可长期确保计时的精准。

（4）同轴擒纵机构的缺点

虽然该机构结构先进，并且也为了适合批量生产而进行了精心改良，但是其零部件的制造难度还是很大，原因在于它的结构决定了每个零部件的制造精度不能按照杠杆式擒纵机构的制造标准去要求。必须要有更高的标准，才能保证同轴擒纵机构各零部件相互间精确协调的配合。

欧米茄当初采纳了乔治·丹尼尔斯博士设计的"同轴擒纵机构"是非常有远见的，可以说是明智之举。此举使得欧米茄既创出了自己更响亮的品牌效应，又如获至宝使其今后有了更强的生命力。有的表迷指出配置"同轴擒纵机构"的2500机芯有问题，走时精度不像宣传得那样完美甚至是有缺陷的。欧米茄对"同轴擒纵机构"首次配置到机芯里还是做了大量工作的，看看它所改良的版本就能了解其用心良苦。根据TRIZ创新理论，凡是创新产品都有必须的成长过程。就像人一样，具有婴儿期、成长期、成熟期和衰落期四个阶段。虽然"同轴擒纵机构"的诞生时间是1974年，但是它真正步入其婴儿期应该是1999年欧米茄推出的2500机芯。通过随后十年时间的磨砺，欧米茄为"同轴擒纵机构"量身打造的机芯问世，充分说明了此擒纵机构已经开始进入其成长期，并且逐步向成熟期过渡。

3.5 欧米茄"中置"飞行陀飞轮

欧米茄（OMEGA）手表诞生于瑞士，拥有超过150年的悠久历史。欧米茄 (Ω) 是希腊文的第二十四个，也是最后一个字母。它象征着事物的伊始与终极，第一与最后，代表了"完美、极致、卓越、成就"的非凡品质，诠释出欧米茄追寻"卓越品质"的经营理念和"崇尚传统，并勇于创新"的精神风范。实际上这个品牌可以说是陀飞轮表的先驱，欧米茄于1947年就制作了独特的七分半钟陀飞轮，特别是1994年问世的中置飞行陀飞轮，进一步确立了欧米茄在高端制表领域的地位。

3.5.1 技术特征

　　陀飞轮在 20 世纪初仍然是非常稀罕的高端技术，在当时制作出来的陀飞轮手表十分有限。欧米茄作为很早就掌握陀飞轮技术的品牌在这个时期研发出了非常特别的款式——陀飞轮被中心放置的手表。图 3-14 为欧米茄中置陀飞轮机芯图，图 3-15 为其局部放大图。

图 3-14 欧米茄中置陀飞轮机芯图

图 3-15 欧米茄中置陀飞轮局部放大图

此款陀飞轮手表的技术核心表面上看是"陀飞轮有被中心放置的诉求，使得自己被充分放大以便更加醒目地展现自己的风采"，而更深层次的则是陀飞轮被中心放置后，原先的时分针被撤走，必须采取新的显示方式。那么新的时间显示是如何实现的呢？

　　欧米茄给出了与众不同的答案：采用两层尺寸一致的透明蓝宝石圆盘，并且在圆盘外缘镶嵌齿圈，同时时、分针样式被印在这两层蓝宝石上，从而完成了时分针的替代显示方式。那么另一个问题又出现了，这两层时分圆盘是如何实现时间显示的呢？笔者通过对此技术专利的分析，了解到机芯的原动系与陀飞轮以上下级的关系设置于中心位置（陀飞轮在上，原动系在下）。以原动系为起点分成了两条传动链：第一条是原动系通过主传动轮系将动力输入给陀飞轮，驱动其运转；第二条是原动系通过显示轮系与双层蓝宝石时分盘相连接，把动力输入给它们。我们可以想到原动系的条盒轮作为两条传动链的中间媒介轮，将陀飞轮与时分透明转盘衔接起来，控制了两层圆盘分别以时针和分针的速度转动，以此显示时间（参考专利号CN1096010C）。

3.5.2 技术品鉴

　　欧米茄是最早制作陀飞轮的品牌之一，虽然后来更多的是大众款式，但是陀飞轮仍然是欧米茄引以为豪的品牌象征。中置式陀飞轮表款在20世纪就已经存在了，历经多少代的变迁，欧米茄推出了图3-16所示这款融合品牌最具标志性的"同轴式擒纵机构"手表513.53.39.21.99.001。此款陀飞轮的最大亮点是采用了蓝宝石作为时分针显示，创意来源于神秘指针。

图 3-16 欧米茄同轴中置陀飞轮手表

机芯技术特征

① 欧米茄 Cal.2635 自动陀飞轮机芯，共有 52 个宝石轴承。

② 采用单发条盒结构，储能 45 小时。

③ 摆轮游丝系统的振频为 21600 次 / 小时。

④ 中心设置同轴式飞行陀飞轮，每分钟旋转一周，采用同轴式擒纵机构。

⑤ 中心位置水晶玻璃片印金色指针图案显示时分，表背调校时间。

⑥ 950 铂金自动陀。

外观技术特征

① 圆形 18K 玫瑰表壳，直径 38.7 毫米。

② 蓝宝石水晶镜面。

③ COSC 天文台认证。

④ 防水 30 米。

⑤ 鳄鱼皮表带。

3.6 沛纳海"烤鸡"飞行陀飞轮

沛纳海（PANERAI）创立于 1860 年，以精密机械及卓越品质著称。最早是为意大利皇家海军制作精密仪器和手表。凭借源自大海的设计灵感，沛纳海将品牌定位为运动、休闲领域中的高档手表。意大利的设计风格和瑞士的专业技术，使得沛纳海每一款表都拥有鲜明的品牌风格和优异的产品质量。

3.6.1 技术特征

　　沛纳海于 2007 年推出了采用 Cal.P.2005 机芯的"烤鸡"飞行陀飞轮 Luminor 1950 Tourbillon，如图 3-17 所示。表友们之所以把此款陀飞轮称作"烤鸡"，原因是它的运动方式非常像一只鸡被固定在支架上不停地转动，同时有炉火在烧烤。笔者初次看到这款陀飞轮的时候，被蒙住了，不知道它是如何实现的。笔者开始以为它是一款立体多轴陀飞轮，后来看到专利文献之后才明白，它是把原来同轴心的陀飞轮框架旋转轴和摆轮轴交叉垂直设置了。也就是说，陀飞轮从原先的平面运动变成了二维立体运动，这样的设计可以给人全新的视觉体验。此陀飞轮的转动速度也从原来普遍的每分钟旋转一周，提升到每 30 秒旋转一周，速度的翻倍意图是为了增加立体视觉的效果。只是垂直运动的实现必须采用新的空间传动轮系才能实现。高精度的锥齿轮和冠齿轮是必需的，制作设备则是高端的 CNC 数控机床。

图 3-17 沛纳海"烤鸡"飞行陀飞轮图

3.6.2 技术品鉴

　　笔者第一次看到沛纳海的这款陀飞轮时，实在是不敢相信这个品牌也能研发出如此复杂类型的陀飞轮结构。后来才知道，为沛纳海设计这款垂直式陀飞轮技术的正是卡地亚的研发总监卡罗尔，号称"陀飞轮之后"。图 3-18 所示的沛纳海 Luminor 1950 Tourbillon GMT 手表在外观方面仍然延续了品牌基因，在机芯方面最主要的看点就是可以翻转运动的陀飞轮框架。

图 3-18 沛纳海 Luminor 1950
Tourbillon GMT

机芯技术特征

① 沛纳海 Cal.P.2005 手上链机芯，直径 37.2 毫米，厚度 9.1 毫米。

② 机芯共有 243 个零件，31 个宝石轴承。

③ 采用三发条盒结构，储能 6 日。

④ 三臂式铍合金摆轮，摆轮游丝系统的振频为 28800 次 / 小时。

⑤ 中心时分针，9 点位小秒针显示。

⑥ 30 秒垂直旋转陀飞轮。

⑦ 中心第二时区显示，3 点位日夜显示。

外观技术特征

① 枕形精钢表壳，直径 47 毫米。

② 蓝宝石水晶镜面与表背。

③ 9 点位蓝色圆点陀飞轮运转显示。

④ 表背储能显示。

⑤ 鳄鱼皮表带搭配 18K 金（白色）带扣。

　　飞行陀飞轮是我最早接触到的陀飞轮结构，刚进入海鸥厂开始机芯研发工作就与它结缘。我是从为陀飞轮设计附加机构开始了自己独立的研发项目。记得那是海鸥偏心式陀飞轮上增加规范针功能，也就是我们俗称的三针分离。时针为 12 点位，分针为中心，秒针也就是陀飞轮位于 6 点位。当样机做出来摆在我眼前的时候，那种成就感难以言表，虽然这项功能对于制表老师傅而言非常简单，但是对于当时的我这种刚刚接触陀飞轮的新手来说意义非凡。随着时间的推移，我跟随海鸥表厂副总工程师，也是我入厂就跟随研发项目的师傅，成功研发了同轴式陀飞轮。陀飞轮技术美丽而又神秘，让众多表友为之着迷，作为设计师和研发工程师，未来还有很多路要走。

第4章

卡罗素
——偏心旋转 摆轮游丝

卡罗素（Carrusel）本意是"旋转木马"，1894 年被丹麦籍制表师 Bahhe Bonniksen（巴纳·伯尼克森）发明，其结构与陀飞轮原创结构基本上是一致的，应该被归纳于陀飞轮的一种特殊的表现形式。虽然卡罗素不是纯正的陀飞轮血统，但是它的诞生理念与陀飞轮是一样的。很长的时间里，卡罗素被人们误会地认为是偏心式陀飞轮的别称，卡罗素与陀飞轮虽然结构类似，但是两者命运截然不同。当初卡罗素被创作出来是为了简化结构从而易于制作，给人以较低层次又廉价的感觉，与诉求高工艺、高价值的陀飞轮不同，故而数量不多。

4.1 1894 年 Bonniksen 卡罗素

根据专利文献的记载，Bonniksen 于 1894 年获得了卡罗素的专利技术授权，从此，卡罗素被记入了世界制表的史册。下面来分析一下，卡罗素是如何布局的，为什么说它相对于陀飞轮在结构方面更加简单实用，更甚至于被误称为偏心式陀飞轮（参考专利号 CH7965A）。

4.1.1 技术特征

普通手表的主传动轮系布局（见图 4-1 中的 4）包括：原动系 Bar、中心轮 GM、过渡轮 PMBon、秒轮 RS、擒纵轮 RA、擒纵叉 A 和摆轮 Bal。其中，中心轮 GM 被设计为每 60 分钟旋转一周，也就是分轮的速度。为了让卡罗素可以实现跟陀飞轮同样的理念效果—最大限度地抵消由于地球引力而产生的位置误差，Bonniksen 将秒轮 RS、擒纵轮 RA、擒纵叉 A 和摆轮 Bal 这一部分重新布局（见图 4-1 中的 5），尤其是将擒纵机构和摆轮游丝系统放置于一个可以旋转的转盘 Plateau de cage 上。图中红色转盘驱动轮的中心带有轴承 Roulement，此轮与蓝色过渡轮 PMBon 的齿轴相连接，并且转盘与驱动轮通过两个螺钉固定为一体。

卡罗素原创的技术特征（见图 4-1 中的 6，图 4-2 中的 7）为：绿色的秒轮 RS 与卡罗素转盘同心设置，蓝色过渡轮 PMBon 的轮片与秒轮 RS 的齿轴连接。此时擒纵机构都被放置于转盘上，其中擒纵轮的齿轴与秒轮 RS 的轮片对接，两者形成了行星轮关系。卡罗素转盘就是差动系统里的行星支架，秒轮 RS 为太阳轮，擒纵轮 RA 为行星轮。卡罗素的摆轮设置方式有两种：摆轮放置于卡罗素转盘的偏心式（见图 4-2 中的 8）和同轴式（见图 4-2 中的 9），而偏心式被更多地采用，因此卡罗素被很多人误称为偏心式陀飞轮，这属于技术方面的误区。图 4-2 中，Pont de plateau Bonniksen 是鲍尼克森桥夹板，Balancier 是摆轮，Pont de plateau Corrigé 是桥式盖片。

4.1.2 工作原理

原动系 Bar 通过轮系 GM 将能量输出，蓝色过渡轮 PMBon 分别将能量传递给秒轮 RS 和卡罗素转盘，此时就形成了一个完整的差动轮系——卡罗素转盘携带着擒纵机构和摆轮游丝系统做行星运动，秒轮 RS 的轮片作为差动轮系的太阳轮与作为行星轮的擒纵轮齿轴相互啮合开始工作起来。根据各齿轮齿数传动比的精密计算，秒轮 RS

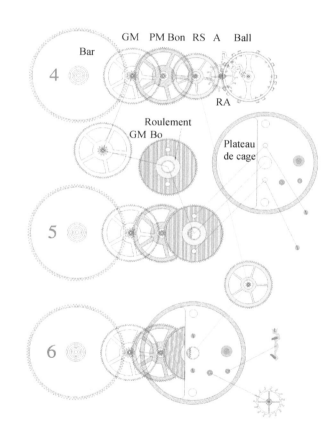

图 4-1 1894 年 Bonniksen 卡罗素图 （一）

仍然保持了原先的每 1 分钟转动一周的速度，而卡罗素的速度为每 52.5 分钟转动一周。

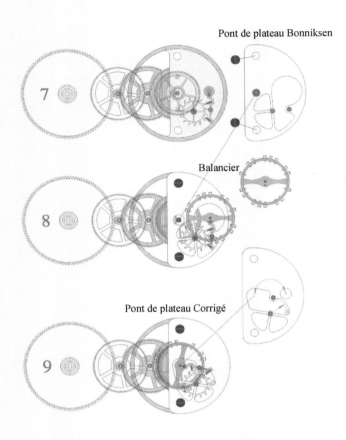

图 4-2　1894 年 Bonniksen 卡罗素图（二）

4.1.3　卡罗素 PK 陀飞轮

　　通过前文的介绍，我们可以了解到卡罗素的本质仍然是普通手表的基本传动关系，唯一的不同之处是它将原先不动的擒纵机构以及摆轮游丝系统在卡罗素的带动下公转起来，目的是实现了宝玑大师发明陀飞轮的那种可以最大限度抵消重力对手表走时精度影响的理念，从这一点上说明了卡罗素与陀飞轮在设计理念上有着共性，但是在结构方面两者又存在着差异。陀飞轮的擒纵系统带动框架自转，卡罗素的擒纵系统只负责走时，另有传动系统负责框架的旋转。因此，陀飞轮框架停止旋转，擒纵机构就停止运转；卡罗素的框架停止旋转，擒纵机构依然可以照常运转。

4.2 宝珀秒针卡罗素

　　宝珀一贯以偏心式陀飞轮手表为本品牌的标志性表款，近几年此品牌推出了一分钟卡罗素手表（也叫秒针卡罗素，见图 4-3），彻底打破了人们对此品牌陀飞轮的印象。虽然是卡罗素，但是其外观跟我们经常见到的同轴式陀飞轮无异，宝珀的这一创新作品将转动速度从原有的几十分钟缩短到一分钟，令人们对卡罗素的概念有了全新的认识，可谓是卡罗素的新生。

4.2.1 技术特征

　　前文已经讲解了 Bonniksen 于 1894 年发明的卡罗素的基本技术特征和工作原理，大家可以通过惯性思维来品味宝珀的秒针卡罗素机构是如何布局的（参考专利号 CN101720452A）。

　　① 图 4-3 中的 10 和 11 展示的是宝珀卡罗素传动轮系的基本布局形式。此时绿色的秒轮 RS 与卡罗素被同轴设置在一起（这部分传动关系可参考 Bonniksen 卡罗素），特别需要注意的是卡罗素旋转支架的外缘被加工出齿，这说明它将被作为传动轮片来使用。

　　② 图 4-3 中的 12 呈现了此卡罗素框架的下层夹板的构成以及擒纵机构——擒纵轮和 K 马的设置。

　　③ 图 4-4 中的 13 则是中层夹板固定擒纵机构、摆轮游丝系统被设置于卡罗素中心位置以及最上层夹板对于卡罗素框架的固定而形成了宝珀分针卡罗素完全体。此时我们关注一下最上层夹板的造型，那个凸出的尖端正是宝珀特别设计的秒针指示。

　　④ 图 4-4 中的 14 是宝珀秒针卡罗素的传动图，但不是完整的，它还需要补充图 4-4 中的 15 里面所标示两个过渡轮 1 和 2，它们连接的是图 4-3 的 10 中标示的中间轮 PM 与卡罗素旋转支架。

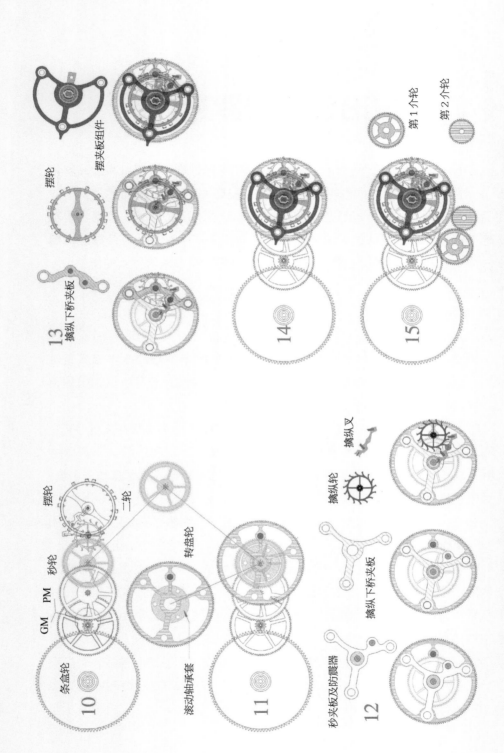

图 4-4 宝珀一分钟卡罗素图（二）

图 4-3 宝珀一分钟卡罗素图（一）

4.2.2 PK Bonniksen 卡罗素

通过以上分析，大家可以看到 1894 年 Bonniksen 卡罗素与宝珀秒针卡罗素两者之间的关联，它们的传动关系基本上是一致的，从原动系 Bar 传递动力给以分轮速度转动的中心轮 GM，再经过渡轮 PM 连接秒轮 RS，这应该是卡罗素的必经之路（参考图 4-2 中的 7）。

然而，两者的分歧来自于过渡轮 PM 与卡罗素旋转支架的连接方式：

① Bonniksen 卡罗素的过渡轮 PM 是将它的齿轴与卡罗素旋转支架的轮齿直接连接，这样得到的结果是秒轮仍然是按照每 1 分钟转动一周的速度旋转，卡罗素则是以每 52.5 分钟转动一周的速度旋转。

② 宝珀卡罗素的过渡轮 PM 是将它的轮片与卡罗素旋转支架的轮齿直接连接，这样得到的结果是卡罗素整体框架以每 1 分钟转动一周的速度旋转，这样的转动速度与前者相比大大提高了几十倍，而此时的所谓秒轮旋转速度被设计为每 1 分钟转动两周，也就是说它已经不是我们印象里的秒轮了，它只是一个连接卡罗素的过渡轮而已（参考图 4-4 中的 15）。

4.2.3 技术品鉴

宝珀推出的一分钟卡罗素概念把这项技术引领到了新的领域，让它与陀飞轮几乎并驾齐驱。具有百年历史的高端品牌宝珀始终是以陀飞轮作为自己的品牌基因，而此类卡罗素的横空出世，更是让人们见证了这个品牌的技术实力与品牌决心。

宝珀 Villeret 卡罗素手表（见图 4-5）是宝珀品牌推出的具有代表性的一款卡罗素腕表。此款手表的功能很简洁，中心位置是时分针显示，12 点位是品牌自主设计的同轴式一分钟卡罗素，其实可以等同于小秒针显示。表款的面盘纹路是以卡罗素为中心的放射性太阳纹，LOGO 位于 6 点位，12 个时标为罗马数字显示。

机芯技术特征

① 宝珀自产 228 自动上链机芯，直径 26.2 毫米，厚 5.89 毫米。

② 拥有 35 颗宝石轴承，209 个零件。

③ 120 小时的超长动力储备。

④ 三臂式铍合金摆轮，摆轮游丝系统的振频为 28800 次 / 小时。

⑤ 中心时分针，12 点位一分钟卡罗素显示。

外观技术特征

图 4-5 宝珀 Villeret 卡罗素手表 66228-3642-55B

① 18K 玫瑰金，直径 40 毫米，厚度 11.8 毫米。

② 双表圈的浑圆线条给人极舒适的感觉。

③ 18K 玫瑰金表冠，边缘齿轮纹设计使得调校过程中具备更好的手感和防滑效果。

④ 时间刻度采用的是 Villeret 系列经典的罗马数字显示，12 枚数字全部是 18K 玫瑰金色，与表壳形成统一，两枚中间镂空的柳叶形指针。

⑤ 乳白色表盘采用的是瓷釉材质制成，盘面上装饰以纤巧的放射状纽索纹，在光线的照射下能感受到纹饰的明暗交错。

⑥ 表带采用短吻鳄鱼皮制成，内衬 Alzavel 小牛皮，配以 18K 玫瑰金折叠表扣。

> ### 知识链接 ——新材料"硅"与新技术"MEMS"
>
> 几年前，笔者很荣幸承担了"硅材料在机械表中的应用"这个项目。经过项目期的探究和实践，笔者对于这项在国际制表业存在很大争议，而又蓬勃发展十几年的新兴技术有了更进一步的认知，学到了不少知识，也获得了宝贵的经验。那么，到底硅是什么？它为什么会被应用于机械表？

有哪些品牌已经取得了突破性进展呢？

1. 硅是什么

硅是地球上最丰富的元素之一，占地壳岩石的 27.6%，主要以二氧化硅和硅酸盐的形式存在。硅（也称矽），元素符号 Si，原子序数 14，原子量 28.09。硅为同素异构体，有无定形硅和结晶硅，结晶硅又分为多晶硅和非晶硅，具有金刚石晶体结构，硬而脆。单晶硅材料的密度大约为钢铁的1/3，线胀系数是钢的 1/5，弹性模量与钢相当，具有较高的硬度，具有美丽的色泽和良好的抗腐蚀性能。但是单晶硅具有易延某个晶面开裂的特性（解理）和电阻率高的特点。由此可以看出，硅具有某些钟表材料所需的特质，但硬而脆的特点使常规精密机械加工技术无法实现，而成熟的半导体生产技术提供了这种可能，这就是 MEMS 技术。

2.MEMS

MEMS 是微机电系统 (Micro-Electro-Mechanical Systems) 的缩写，MEMS 是美国的叫法，在日本被称为微机械，在欧洲被称为微系统。在硅集成电路制造业中，形成了很成熟的镀膜沉积、光刻、腐蚀、外延、扩散等 MEMS 微细加工技术，适宜于制造具有微米级精度的各种特殊几何形状的机械结构。由于加工方法和所用的材料与 IC 相同，因而这种加工方法可以方便地移植到手表精细零件的生产中。

在这个应用领域已经有许多令人瞩目的成果，例如微硅加速度计、气相色谱仪、微型马达等。这些技术成果给人们展示了一个新的微观的技术领域并显示出其良好的应用前景。同时我们注意到，这些技术的应用特点并不是局限在对原有材料的替代，而是在一种全新的设计制造的理念指导下产生的产品。

3. 物理特性

① 硅制擒纵机构的零件表面光滑，在不需要润滑的条件下与传统金属材质的零件相比摩擦阻力很小，能够把更多能量传递到调速系统，对机械机芯的性能稳定性和可靠性有显著的提高。尤其是关键的擒纵轮片，在深度活性离子蚀刻 (DRIE) 工序中，被加工精确度可达到 1 微米 (1/1000 毫米)，

从而具备了同心度更佳、更精确的直径大小，以及齿间距均匀等优点。

② 硅材料零件的硬度以及耐磨性较高，其硬度达 1100 Vickers（维氏硬度单位），而钢仅有 700 Vickers。

③ 硅是单晶体，因此使用它制作的机械表零件不会受磁场和电磁脉冲影响。

④ 硅材料的抗腐蚀性高，使得制作出来的齿轮表面，特别是齿尖端的啮合面能够时刻保持平滑，免点油。

⑤ 硅材料质轻（硅的密度为 2.33 克 / 立方厘米；钢是 7.8 克 / 立方厘米），使得硅质擒纵结构更加轻巧，因为转动惯量减小了。

　　一种材料新的应用有可能成为推动技术进步的动力，当硅材料在机械手表的核心部件——擒纵调速机构中的应用成为事实，对传统的手表生产技术产生了颠覆性的影响。所谓颠覆性的影响一方面是材料本身的特性，另一方面是材料的加工方法和与之对应能够实现的设计变革。因此，硅材料和 MEMS 微细加工技术的引入，不仅是提高了零件加工的精度，而且通过全新设计制造理念解决问题，为手表的发展提供了更广阔的空间。随着各大品牌纷纷加入，硅材料的应用已成为国际手表未来的发展趋势。

4.3 雅典 "Freak" 分针卡罗素

　　雅典表 (Ulysse Nardin) 创于 1846 年，至今已经有 170 年历史。雅典最初以航海钟起家，其制作的航海钟是有史以来最可靠的航海仪器，成为世界上 50 多个国家海军的必备仪器。雅典的灵魂人物是酷爱制表工艺的天文学家及数学家欧克林（Ludwig Oechslin）博士，他研制出伽利略星盘手表、哥白尼运行仪手表及克卜勒天文手表，被称为雅典的"时计三部曲"。

2001 年，雅典推出了由欧克林大师创作的 "Freak（奇想，胡思乱想、荒诞反常）" 分针卡罗素手表（如图 4-6 所示）。这款表如今已经成为了雅典以及欧克林大师最具标志性的杰作，而其中的核心——"双向擒纵机构" 更是能够表现出欧克林大师的非凡创造力和雅典在制表业高科技方面的伟大成就——硅技术的应用。

旋转盘式时针显示

分针卡罗素机构

时间调校盘圈

调校盘圈锁扣

分针卡罗素驱动轮

图 4-6 雅典 Freak 分针卡罗素手表外观

4.3.1 外观特征

　　欧克林大师将 Freak 卡罗素手表在外观方面注入了全新的设计理念，

最为突出的就是取消了我们经常在其他品牌手表中见到的用于调校时间和上紧发条的表把，取而代之的是表圈调校上弦装置。在手表的正面和背面，可以看到带有很多凹槽的正面表圈非常醒目，背面表圈直接与机芯内部的上弦系统连接，想给手表上弦时，可以转动背面表圈，通过机构联动，发条会被很快上紧而且很省力。省力是因为巨大的表圈与传统的小很多的上弦轮比起来，旋转一周的上条效率相当明显。正面表圈用于调校时间，它的工作原理与背面的上弦表圈比起来要复杂很多，我在后文将会为大家解读。表圈下方的调校盘圈锁扣需要特别注意，很人性化的设计，特点是避免表圈由于外力的干扰转动而导致机芯内部用于显示时间的卡罗素机构受到影响不能准确显示时间。

4.3.2 技术特征

雅典的卡罗素机构与宝珀秒针卡罗素以及原创的 Bonniksen 卡罗素相比较，在结构上已经完全不同，雅典的卡罗素应该是一种进化，但是卡罗素将擒纵机构和摆轮游丝系统设置于可旋转的转盘上达到抵消地心引力的目的没有变化。相对于前文所述的两款卡罗素机构特征来说，雅典卡罗素的机构特征具有不同寻常的布局——三叠加式构造，如图 4-7 所示。这三层分别是原动系层、旋转小时显示层和分针卡罗素显示层（参考专利号 EP1150184A1）。

第一层的原动系层处于机芯的最下方，它与普通手表的原动系有些区别。条盒轮、条盒盖和条轴以及发条所组成的原动系统占据了最下层几乎所有的空间来设置本机芯的能量储存室，同时条盒轮的旋转轴心线与机芯同轴，卡罗素的动力源就是来自于它，并且用于卷紧发条的条轴直接与外面用于上弦的表圈联动。

第二层的旋转小时显示层位于原动系层的上方，通过条盒轮来承载，在这一层最重要的组成部分是一个被固定的内齿环，它与分针卡罗素驱动轮（此轮被设置于条盒轮上）直接连接，而时针也是通过两个零件的连接以及一个可旋转的圆盘来组成的。

第三层的分针卡罗素显示层是本机芯设计的最大亮点，在此卡罗素的旋转轴下方被设置了动力输入轮与分针卡罗素驱动轮相连接，同时在这一层也存在一个被固定的内齿环，它将与卡罗素动力输入轮直接对话。卡罗素的机构被设计得十分巧妙，尤其是欧克林大师设计的"双向擒纵机构"历经曲折最后得以成功应用于此卡罗素中，同时具有雅典特色的无卡度摆轮游丝系统被应用以及通过中间齿轮系的连接直到卡罗素动力输入轮与内齿环完成了整套动力传动链条。

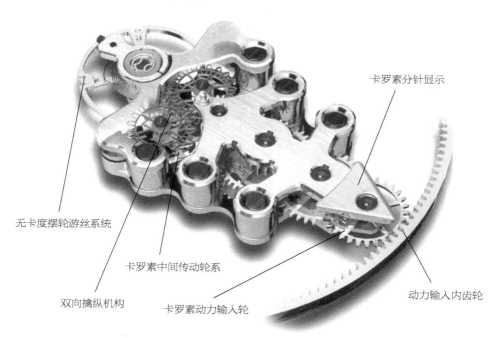

卡罗素分针显示

无卡度摆轮游丝系统

卡罗素中间传动轮系

双向擒纵机构

卡罗素动力输入轮

动力输入内齿轮

图 4-7 雅典 Freak 分针卡罗素结构

4.3.3 工作原理

第一步，位于最下层的原动系输出能量。需要注意的是此能量的输出不是通过条盒轮齿（此条盒轮没有齿），而是在发条的带动下驱使条盒轮转动，并且带动了分针卡罗素驱动轮作为一个行星轮开始转动。

第二步，分针卡罗素驱动轮分别与固定于下层的内齿环以及卡罗素的旋转轴下方被设置的动力输入轮相连接。这使动力通过此轮输入给了最上一层的卡罗素机构，使其开始转动。

第三步，卡罗素机构开始转动，与此同时位于机构末端的动力输入轮开始与最上层固定的内齿环相配合转动，并且经过卡罗素传动轮系将动力传至双向擒纵机构和摆轮游丝系统，至此动力传输完毕，调速机构开始工作起来。

第四步，通过调速机构的速度控制，此卡罗素以每 1 小时转动一周的分针速度旋转，而位于第二层的转盘则是以每12小时转动一周的时针速度旋转。

通过以上对于雅典卡罗素的技术解读可以发现，行星机构被非常灵活的应用，再加上前文所述的宝珀秒针卡罗素和原创的 Bonniksen 卡罗素所采用的差动机构，说明这类周转轮系如今已经成为了流行设计趋势，究其本质，这类机构真正的探路者正是笔者最崇拜的宝玑大师。

4.3.4 技术品鉴

雅典的 Freak 手表已经推出了十余年，图 4-8 为雅典 Freak DIAMonSIL 手表。此款卡罗素手表的主要看点从外观方面来说，没有了表冠，那么是如何操控呢？答案就在正面与背面的表圈，正面的可以调校时间，背面的可以手动上链。此外，正面表圈下方的锁扣是为了避免在平时佩戴过程中误碰表圈而导致时间被误调的后果。从内部来说，那个作为分针使用的卡罗素最为抢眼，特别是同样出自欧克林大师的"双向擒纵机构"，以及使用硅材质制作的调速系统零件。

图 4-8 雅典 Freak DIAMonSIL 手表

机芯技术特征

① 雅典 UN-203 手上链机芯，双向擒纵机构专利。

② 人工钻石硅擒纵轮，摆轮游丝系统的振频为 28800 次 / 小时。

③ 采用单发条盒结构，储能 7 日。

④ 中心时分针，卡罗素作为分针。

外观技术特征

① 圆形铂金表壳，直径 44.5 毫米。

② 蓝宝石水晶镜面与表背。

③ 无表冠，表面盘圈调校时间（盘面下方为锁扣），表背盘圈手动上链。

④ 鳄鱼皮表带搭配 18K 金（白色）带扣。

—— 双向擒纵机构

　　"双向擒纵机构"在结构试验阶段所遇到的最大问题是整个擒纵系统不能保持长时间运转，运转较短时间就会停止工作。原因在于此结构的双擒纵轮在巨大的驱动力作用下相互啮合高速转动，不论采用哪种金属材料都不可避免地存在高速磨损这个最棘手的问题。当时，瑞士 NeuchateI 大学所属的微技术学院和其附属的瑞士电子和微技术公司 (CSEM) 刚试验成功一种采用光感成型技术制造的半导体硅微型钟表零件，雅典和 CSEM 一起改良了该技术，生产出适用于"双向擒纵机构"的硅擒纵轮，使得"双向擒纵机构"成功运转并获得了新生，成就了雅典 Freak 陀飞轮手表的问世。随后，雅典为了追求机构的完美性能，与德国制作超薄钻石芯片的专家（德国 GFD 公司）共同合作，运用 DRIE 深层离子蚀刻技术 (Deep Reactive Ion Etching)，将擒纵轮的材料变为硬度高、摩擦消耗小、没有磨损的材质——钻石，更进一步提升了此擒纵机构的运作效能和寿命，随后于 2005 年推出"Freak DIAMOND HEART"。

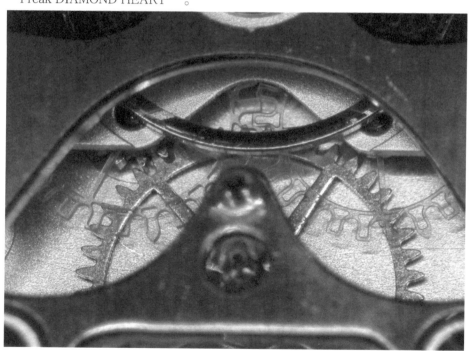

图 4-9 雅典第一代钻石双向擒纵机构

1.技术特征

图 4-9 为雅典第一代钻石双向擒纵机构，其技术特征如下。

① 两个擒纵轮形状完全相同并且互相啮合在一起（擒纵轮之间直接啮合或者间接啮合）。

② 在两个擒纵轮之间的中间位置设置一个杠杆与它们分别配合，从而实现了类似于杠杆式擒纵机构的全周期运动，此杠杆通过两个限位钉来控制摆动，它的作用是负责将能量不断地输入摆轮游丝系统。

"双向擒纵机构"所具备的优势是机构的整体布局处于对称状态，分解了传统杠杆式擒纵机构的两个半周期由一个擒纵轮完成的工作，变成了由两个擒纵轮来完成，其实质是通过两个擒纵轮的联动，再加上中间位置杠杆的辅助协调，使得擒纵机构整体运转所需要的能量降至最低，更多的能量输送给摆轮游丝系统，大大提高了能量利用率，降低了损耗。

2.工作原理

初版"双向擒纵机构"采用了两个带有长短齿特征的擒纵轮，而驱动它们的动力来自于机芯传动轮系的齿轮 1 传递给第一擒纵轮 3 的齿轴 4，再通过两个擒纵轮 3 和 11 互相连接来启动此机构（参考专利号EP1041459A1）。

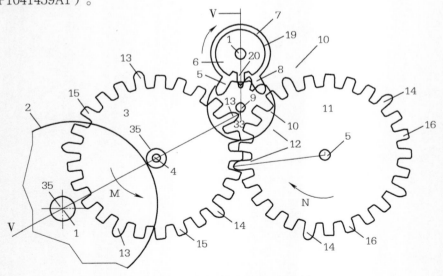

图 4-10 摆轮右振幅解锁传冲阶段

此擒纵机构完整的工作周期分为以下四个阶段。

① 摆轮右振幅解锁传冲阶段（见图 4-10）。双齿异形轮 10 及锁块 9 与单齿轮 6 与双齿轮 7 处于对称位置，第一擒纵轮 3 的长齿 13 刚好可以摆脱锁块 9 的束缚，使得第一擒纵轮 11 在驱动轮 2 输入的牵引力矩的作用下逆时针转动，在转动过程中长齿 13 与双齿轮 7 的齿 5 啮合，从而将输入力矩直接传递给摆轮游丝系统继续向右振幅位置运动。此外，由于第一擒纵轮 3 与第二擒纵轮 11 相互啮合，还使得第二擒纵轮 11 开始以顺时针方向转动。

② 锁定阶段（见图 4-11）。此时第一擒纵轮 3 的长齿 13 与双齿轮 7 的齿 5 啮合传冲能量的过程已经结束，单齿轮 6 与双齿轮 7 已经转到接近水平位置，而双齿异形轮 10 在单齿轮 6 的阻挡下已经无法转动，同时第二擒纵轮 11 的长齿 12 以顺时针方向转动遇到了锁块 9 的阻挡，在这双重制约下双向擒纵机构处于静止状态。

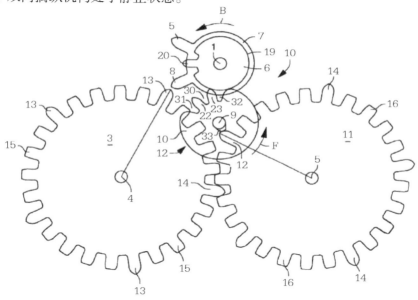

图 4-11 锁定阶段（一）

③ 摆轮左振幅解锁传冲阶段（见图 4-12）。双齿异形轮 10 及锁块 9 与单齿轮 6 与双齿轮 7 都正好逆时针转动到左右对称位置，使得第二擒纵轮 11 的长齿 20 已经摆脱了锁块 9 的束缚。由于在驱动轮 2 输入的牵引力矩的作用下逆时针转动的第一擒纵轮 3 与第二擒纵轮 11 相互啮合，带动第二擒纵轮 11 以顺时针方向转动。在转动过程中长齿 20 与双齿轮 7 的齿 8 啮合，从而将输入力矩直接传递给摆轮游丝系统，使其继续向左振幅位置运动。

陀飞轮揭秘：手表上的华尔兹

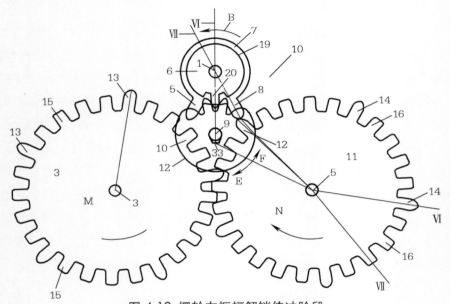

图 4-12 摆轮左振幅解锁传冲阶段

④ 锁定阶段（见图 4-13）。此时第一擒纵轮 11 的长齿 12 与双齿轮 7 的齿 8 啮合传冲能量的过程刚刚结束，而双齿异形轮 10 开始受到单齿轮 6 的阻挡，同时第一擒纵轮 3 的长齿 14 以顺时针方向转动遇到了锁块 9 的阻挡，

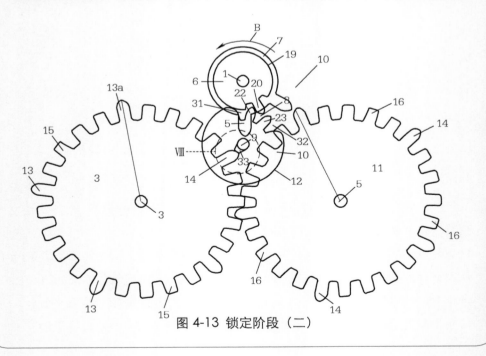

图 4-13 锁定阶段（二）

在这双重制约下双向擒纵机构即将处于静止状态。

3. 改进版

2007 年，雅典在巴塞尔展会上推出 "Freak DIAMonSIL" 系列腕表，它承载了使用钻石和硅晶体结合而成的材料制作的 "双向擒纵机构"，此技术将多晶钻石和硅晶体合二为一，使之成为既轻巧又易于设计的新型材料。

雅典的改进版 "双向擒纵机构" 与初版相比，在结构方面有了很大的改变，其实这次改变得益于新材料的技术日趋成熟，特别是利用了硅材料通过微电子技术可以被制作成任意形状，不会受到像金属材料那样的制约（初版是以金属材料为基础研发的）。

前后两版的主要区别如下：

① 如图 4-14 所示，两个擒纵轮 1 和 2 的轮齿被改造为异形齿相互啮合形成了齿轮联动。

② 由于齿形的变化，使得机构本身可以更为简洁，作为过渡作用的双齿异形轮 3 与固定在摆轮游丝系统的单齿轮 4 直接联动传递来自于机芯的动力，使其可以起到类似于杠杆式擒纵机构里的擒纵叉的作用，将能量传递给摆轮游丝系统，而动力源自传动轮 5 与第一擒纵轮 1 的齿轴 6 的连接。改进版 "双向擒纵机构" 的优势在于双擒纵轮 1 和 2 以轮系联动，同时通过较小的双齿异形轮 3 向摆轮游丝系统传递能量，此举可以降低擒纵机构的效率，将更多的能量传递出去（参考专利号 US6708576B2）。

4. 成熟版

成熟版 "双擒纵机构" 与改进版相比，其工作原理基本上是一致的，而在结构细节上，雅典的设计师主要改进了以下三个地方：

① 如图 4-15 所示，两个擒纵轮 1 和 2 的齿形被进一步修正了，齿数也增加了，其目的是为了使振动频率从原先 21600 次 / 小时升级到 28800 次 / 小时的摆轮游丝系统以后，提高擒纵机构的稳定性以及抗振动能力。

② 异形双齿轮 3 的形状也被相应修正了，其目的就是为了配合两个擒纵轮的相应变化。

③ 设计师将类似于杠杆擒纵机构里的叉头钉 7 又引入到此机构当中，目的很明显，就是为擒纵机构增加保险系数（参考专利号 EP1367462A1）。

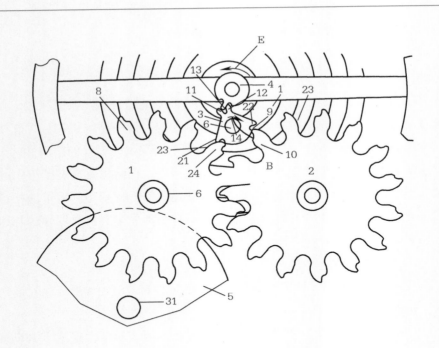

图 4-14 雅典第二代 "双向擒纵机构"

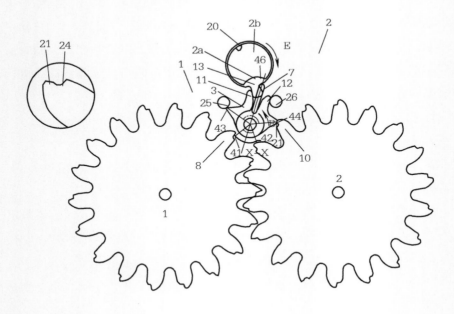

图 4-15 雅典第三代 "双向擒纵机构"

雅典表将制表业从未染指过的半导体材料引入到手表行业来加工零件。虽然其加工成本非常昂贵，但是零件选用此类材料不仅可以彻底解决"双擒纵机构"中双擒纵轮由于相互摩擦而导致磨损严重的问题（这一问题可能会导致结构无法运转），而且还会给"双擒纵机构"带来许多意想不到的有益效果。

　　作为陀飞轮近亲的卡罗素，在很长时间里不仅没有被人们重视，甚至还被误解为陀飞轮的一种，随着宝珀创新地推出了秒针卡罗素才逐渐改变了人们对于卡罗素的认识。到目前为止，还有很多人不是很明白卡罗素到底是什么，它与陀飞轮到底有什么不一样的地方，它的存在到底有什么价值？希望本书已经为有这些疑问的读者提供了详尽的答案。

第5章

行星陀飞轮
——犹如卫星一样运动

在形形色色的陀飞轮大家庭中，有一位俗称"轨道陀飞轮"的成员，其实从我们机芯研发的角度来讲，更专业一点的名字应该是"行星陀飞轮"。行星陀飞轮给人的第一印象是陀飞轮好像脱离了束缚，在闲庭漫步。此类陀飞轮开始于独立制表大师的作品，而后几家知名品牌也推出了同类手表款式。笔者研发过这种类型的陀飞轮，先是单陀飞轮后来升级为双陀飞轮，得到的结论是，行星陀飞轮之所以被人称为轨道陀飞轮，原因是陀飞轮被人为地设置好了运动轨迹，就跟卫星被发射到太空以设定好的运行轨迹围绕地球飞行是同一个道理。

5.1 基本概念

所谓"行星陀飞轮"是指陀飞轮被放置于可旋转的转盘上，此转盘通过手表机芯内原动系统提供的动力，以机芯的轴心线为轴旋转，同时驱动陀飞轮自转并且随着转盘围绕机芯轴心线做周转运动。此类陀飞轮手表的优势在于既自转又公转的陀飞轮，其内部的摆轮游丝系统和擒纵机构的运动轨迹更加复杂，理论上可以更好地减少由于地球引力所导致的手表位置误差从而提高了手表的走时精度。通过笔者对于现有各品牌的行星陀飞轮所做的研究，基本上可以分为三类，而这三类的划分标准则是行星机构支架的旋转速度。

第一类，时针行星陀飞轮，其旋转支架的速度为每 12 小时或者 24 小时转动一周。

第二类，分针行星陀飞轮，其旋转支架的速度为每 60 分钟转动一周。

第三类，秒针行星陀飞轮，其旋转支架的速度为每 60 秒转动一周。

行星机构的特征是机构中心位置必须有一个固定不动的太阳轮作为动力的输入源，传动轮系和陀飞轮都将被放置于以此太阳轮的轴心线为轴旋转的支架上，在动力的驱使下，它们随着旋转支架做既自转又伴随着公转的行星运动，此时动力就会通过中间位置的太阳轮输入给传动轮系，直到驱动陀飞轮运转起来。由此可知，行星机构的几个关键点是太阳轮、旋转支架和行星运动部分。

5.2 Jean Dunand 分针式 行星陀飞轮

独立制表品牌简·杜南（Jean Dunand）在几年前推出的由制表大师克拉雷·克里斯多夫(Claret Christophe)创新设计的行星陀飞轮手表JD_T. Orbital_Platinum（见图 5-1）引起了大家的注意。根据笔者检索到的专利来考证，此行星陀飞轮应该是在 1999 年申请专利，很有可能是行星陀飞轮的鼻祖。此款陀飞轮手表在外观上最显著的特征是没有把头，光光的圆形表壳引起了人们的联想。

图 5-1 JD_T. Orbital_Platinum 行星陀飞轮

5.2.1 技术特征

第一个特征：结构图 5-2 中（a）和（b）显示了此陀飞轮手表的基本特点是中心时分针，表盘面上相对应的原动系 5 和陀飞轮 6，但没有配置把头。那么从实物图 5-1 的正面可以印证了此外观特征，而背面也揭开了环扣式调校装置替代传统把头上弦与调校时间的秘密。

第二个特征：图 5-2（c）清楚地表明此机芯的原动系 5 和陀飞轮 6 都被设置于行星机构的转架上（这样的设计笔者的理解是为了让机芯乃至手表厚度做到最小，当然机芯的整体结构布局合理性也是被考虑的），作为转架的承载滚珠轴承为 16。

第三个特征：此机芯的分轮 8 与转架 7 通过摩擦装置 9 连接在一起，这说明了行星机构的转架 7 旋转速度为分轮的速度——每小时转动一周，并且带有摩擦装置 9 意味着，当时间需要被调校的时候，转架 7 与分轮 8 可以分离开来，这样设置于分轮 8 上的分针 11 就可以被调校了。此外，时轮 15 被设置于转架 7 的下方，通过跨轮 17 与分轮 8 连接并且转动速度已经确定，时针 10 则以每 12 小时的速度转动。

第四个特征：环扣 14 通过离合装置与上弦轮 12 以及拨针轮 13 连接，在需要上弦或者调校时间的时候，拉动环扣 14 进入设定的挡位就可以实现用户所想要的功能了。

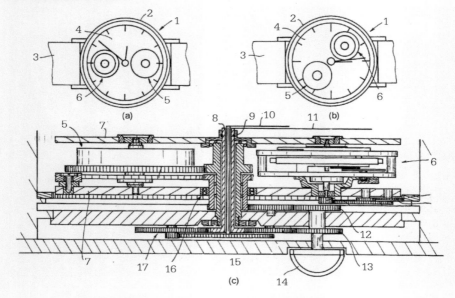

图 5-2 Jean Dunand 分针式行星陀飞轮结构

5.2.2 技术品鉴

Jean Dunand 推出的 JD_T. Orbital_Platinum 行星陀飞轮手表（见图 5-3），其机芯是行星陀飞轮结构，一个飞行陀飞轮以分针的速度公转，并且以秒针的速度自转。外观方面最重要的标志是表冠没有了，被转移到了背面；并且传统的凸出式，也变成了可以折叠的表环，更适合佩戴。

机芯技术特征

① 手上链机芯，型号为 Calibre IO200，机芯外径为 33 毫米，厚度为 10.4 毫米。

② 行星运动的飞行陀飞轮每分钟自转一周，每小时公转一周。

③ 采用 4 个滚珠轴承，共有 14 个宝石轴承，215 个零件。

④ 采用螺钉摆，平游丝调速系统，摆频是 21600 次 / 小时。

外观技术特征

① 表的背面 9 点位显示月相，具有 295 天误差一天的高精度。

② 表的 3 点位侧面能量显示，用 F 与 E 表示满弦状态与空弦状态，大约是 100 小时能量储备。

③ 表没有传统的侧面表冠，而是位于机芯背面，通过中心轴垂直上弦、调整时间的新结构。其用一个折叠钥匙取代柄轴，向外拉钥匙使其可调整时间，并具有两挡调节功能。

图 5-3　JD_T. Orbital_Platinum
行星陀飞轮

5.3 伯爵分针行星陀飞轮

伯爵（PIAGET）以前文讲解的偏心式飞行陀飞轮为基础，创新设计出分针行星陀飞轮，如图 5-4 所示。伯爵的此款行星陀飞轮与最早的只是作为装饰性的款式不同，它被设置于一根形似指针的支架上，以分针的速度转动，也就是说手表的分针被陀飞轮化了，而时针采用了转盘来显示。此款手表给人全新的视觉体验，属于行星陀飞轮的经典代表。

图 5-4 伯爵分针行星陀飞轮

5.3.1 技术特征

伯爵分针行星陀飞轮最明显的技术特征是行星机构的转架不是圆盘式，而是被设计成为了指针形状。伯爵品牌经典的薄型偏心式飞行陀飞轮被设置于分针的尾端，指针端的下方被设置了与陀飞轮相互平衡的配重体，这种平衡方法可使大家可以联想到"跷跷板"。在机芯动力的驱使下，分针状行星陀飞轮支架旋转，同时受到陀飞轮内部调速机构的控制，支架整体以每 1 小时旋转一周的速度运动。而在此支架下方的时针转盘在传动轮系的带动下，以每 12 小时旋转一周的速度运动。

5.3.2 技术品鉴

伯爵的这款分针行星陀飞轮从设计思路上看，与第 4 章提到的雅典分针卡罗素，具有异曲同工之妙。难道是巧合吗？其实这两款创意都出自于现任卡地亚研发总监卡罗尔之手。伯爵这款是将分针设计成支架，一端设置了具有品牌基因的陀飞轮，另一端被控制，如同跷跷板，两端达到平衡状态。在支架下方有个圆形被印上指针的旋转机构，作为时针来使用。经过伯爵向来独具特色的外观设计，得以让图 5-5 所示的此款 Limelight Paris 分针行星陀飞轮手表成为品牌标志性产品。

图 5-5 伯爵 Limelight Paris 分针行星陀飞轮手表

机芯技术特征

① 伯爵 608P 手上链机芯，储能 70 小时。

② 中心时分针显示，行星式陀飞轮作为分针。

③ 储能 70 小时。

外观技术特征

① 18K 金（白色）大明火珐琅烧制表壳，直径 45 毫米。

② 表壳两边以大明火珐琅烧制巴黎美丽景点。

③ 鳄鱼皮表带搭配 18K 金（白色）带扣。

5.4 卡地亚神秘行星陀飞轮

卡地亚 (Cartier) 拥有 150 多年历史，是法国珠宝金银首饰的制造名家（目前隶属瑞士历峰集团）。1888 年，卡地亚尝试在镶嵌钻石的黄金手镯上装上机械女装表。1938 年，卡地亚制造了世界上最小的手表，并把它送给了英国伊丽莎白公主。卡地亚手表一直是上流社会的宠物，历久不衰。随着近几年卡地亚推出的 ID 系列概念手表，其中的新材料创新性备受瞩目，特别是全新研制的 Carbon Crystal（碳晶，也有叫作碳水晶，是一种碳元素结晶体结构材料）在机芯上的应用取得了成功。

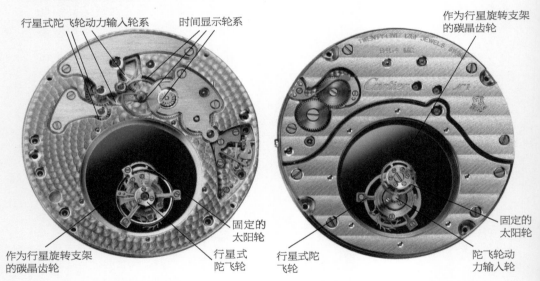

图 5-6 卡地亚 9454MC 型
机芯正视图

图 5-7 卡地亚 9454MC 型
机芯后视图

卡地亚 Rotonde de Cartier 神秘陀飞轮手表中的陀飞轮整体框架宛若悬浮于空中，其采用了卡地亚 9454MC 型神秘行星陀飞轮机芯（见图 5-6 和图 5-7），并荣获日内瓦优质印记。此机芯的最大亮点是每 60 秒自转一周的飞行陀飞轮仿佛完全悬浮在空中，看上去与其他部件没有任何连接，并且此陀飞轮还以每 5 分钟一周的速度做公转运动，给人以魔幻般的视觉体验。卡地亚 9454MC 型神秘行星陀飞轮机芯采用了标准的行星机构，通过机械原理可以了解到，行星机构具备的特征是位于机构中心位置必须有一个固定不动的太阳轮作为动力的输入源，传动轮系和陀飞轮都将被放置于以此太阳轮的轴心线为轴旋转的支架上，在动力的驱使下它们随着旋转支架做既自转又伴随着公转的行星运动，此时动力就会通过中间位置的太阳轮输入给传动轮系，直到驱动陀飞轮运转起来。

5.4.1 技术特征

图 5-8～图 5-10 分别为卡地亚神秘陀飞轮的正面图，背面图和传动图。其技术特征如下。

① 此行星陀飞轮的外观布局特征是时间显示区域位于盘面的上半部分，而行星陀飞轮位于下半部分。

② 此行星陀飞轮的机芯布局特征是机芯上层夹板 C 被开孔 1 来显示神秘行星陀飞轮 2，行星机构的太阳轮 3 位于陀飞轮的底部，下层夹板 D 也被开孔 4 与开孔 1 相对应。需要注意的是作为行星陀飞轮的基础——碳晶支承夹板通过螺钉被固定于此位置上。从机芯的后视图可以清楚地看到在透明的圆形区域周围有 8 个螺钉均布，同时在中心位置还能看到一个中心大螺钉和围绕它的 6 个小螺钉，它们又有什么作用呢？通过机芯后视示意图可以看到，固定为一体的衬套 5 与太阳轮 3 正是通过那 6 个小螺钉被固定于透明的碳晶夹板上的，而中心那个螺钉起到什么作用呢？让我们看看机芯的主传动轮系的特征。

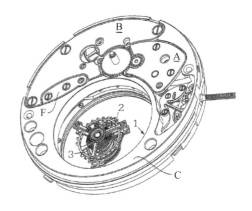

图 5-8 卡地亚神秘陀飞轮正面图

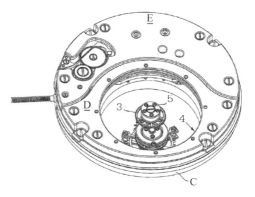

图 5-9 卡地亚神秘陀飞轮背面图

③ 此行星陀飞轮机芯的主传动轮系的特征是负责动力输出的原动系 6 经过多级传动轮系，直到驱动行星陀飞轮的齿轮 7，它带动透明的碳晶齿轮 8——行星机构的旋转支架转动，而陀飞轮 2 被设置于上面。前文所说到的那个位于中心位置的大螺钉所起到的作用是将碳晶齿轮 8 通过带有螺纹的衬套与蓝宝石支承夹板相连接，至此，完整的神秘行星陀飞轮机芯被组装成型。

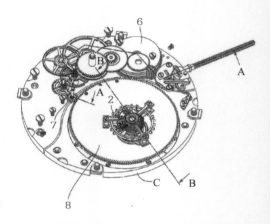

图 5-10 卡地亚神秘陀飞轮传动图

5.4.2 工作原理

机芯的原动系 6 将能量通过多级传动轮传递到驱动轮 7，此轮带动作为行星机构的旋转支架碳晶齿轮 8 开始转动。陀飞轮 2 被带动围绕固定于碳晶支承夹板上的太阳轮 3 公转，此时位于陀飞轮 2 最底端与太阳轮 3 直接连接的动力输入轮驱动了陀飞轮框架内擒纵机构和摆轮游丝系统以 28800 次 / 小时的摆频运转起来。做行星运动的陀飞轮自转速度是每分钟转动一周，而作为行星转架的碳晶齿轮 8 带动陀飞轮以每 5 分钟转动一周的速度公转。这样驱动轮 7 的速度受到了控制，并且再通过多级传动轮系控制显示轮系正确显示时间。

5.4.3 技术品鉴

笔者对于此类晶体非金属材料有过较深入的接触，此类材料的加工完全颠覆了传统金属材料机加工的概念，它们是通过 MEMS 微电子技术来实现的。在这个领域，最早应用硅材料制作游丝的品牌是雅典（硅材料在微电子行业属于最常见材料），而卡地亚则是更进一步研发新型材料制作手表核心的调速机构（摆轮、擒纵轮和擒纵叉）。在 2013 年日内瓦展会上，卡地亚推出了灵感来源于神秘钟的神秘行星陀飞轮手表。一百多年前的神秘奇幻风格的理念融入了与人更为贴近的手表当中。

知识链接 —— 神秘钟

在卡地亚的历史上，传家宝——神秘钟的地位举足轻重，它之所以被称为"神秘"，原因是由铂金与钻石打造的指针仿似悬浮于透明钟体之上，与机芯没有丝毫连接，给人以时空的错觉带来强烈的神秘感。神秘钟是由路易·卡地亚（Louis Cartier）与杰出制表大师莫里斯·库埃（Maurice Couet）精诚合作的结晶。当时莫里斯·库埃年仅 25 岁，却已因其超凡技艺而备受卡地亚赏识，并于 1911 年成为卡地亚专属供货商。

1912 年，首款被命名为 Model A 的神秘钟（见图 5-11，其设计手稿见图 5-12）诞生，它的制作者莫里斯·库埃的灵感来自让·欧仁·罗贝尔-乌丹（Jean Eugène Robert-Houdin）发明的时钟，这位伟大的法国魔术师也是现代魔术的开创者。库埃所借鉴并发扬光大的原理基于一个绝妙的概念——指针并不直接与机芯连接，而是固定在两个锯齿状金属边框的水晶圆盘上，而水晶圆盘由机芯带动（大部分位于时钟底部），分别以时针和分针的速度旋转。为了使幻象更为逼真，水晶圆盘的金属边框被隐匿在时标圈下。

图 5-11　卡地亚 Model A 神秘钟

图 5-12　卡地亚 Model A 神秘钟设计手稿

1920 年，采用"中央单轴"的神秘钟问世。与 Model A 不同，它的两个圆盘通过一根中央转轴驱动，而非底座两侧的双轴，这项创新在美学设计方面给予了卡地亚更高的自由度。1923 年，神秘钟的工艺更趋完美，在著名的"庙门（Portique）"系列神秘钟内，机芯被置于时钟顶部。这些神秘钟极为珍贵罕有，个别款式甚至需要超过一年的精工细作，并由多位能工巧匠参与其中。

图 5-13 为卡地亚 Rotonde de Cartier 系列 W1556210 手表。

机芯技术特征

① 卡地亚 9454 MC 型工作坊精制手动上链机械机芯，镌刻"日内瓦优质印记"。

② 12 点位时分针显示，6 点位神秘行星陀飞轮显示。

③ 机芯总直径 35.5 毫米，厚度 5 毫米，共有 25 个宝石轴承，242 个零件。

④ 摆轮游丝系统的振频为 21600 次 / 小时。

⑤ 动力储备 52 小时。

外观技术特征

① 铂金表壳，直径 45 毫米。

② 蓝宝石水晶镜面和表背。

③ 铂金圆珠形表冠，镶嵌一颗凸圆形蓝宝石。

④ 深灰色电镀雕纹表盘，镀银镂空格栅，带太阳纹放射效果，黑色转印罗马数字时标。

⑤ 剑形蓝钢指针。

⑥ 黑色鳄鱼皮表带搭配 18K 金（白色）带扣。

图 5-13
卡地亚 Rotonde de Cartier
系列 W1556210 手表

前文介绍了神秘手表的设计理念——时间的裸视，而卡地亚 Rotonde de Cartier 神秘陀飞轮手表则为我们呈现了另一个全新的概念——行星陀飞轮在"裸奔"。为什么这样形容呢？原因是此款手表的研发核心是陀飞轮，更准确的说法是行星陀飞轮。陀飞轮本身以秒针的速度自转，同时还以每 5 分钟一周的速度围绕透明圆盘的中心轴心线公转，这个情景就好似陀飞轮处于悬空状态在不顾一切地"裸奔"。行星陀飞轮手表的最大看点是卡地亚首次将行星陀飞轮做到了 5 分钟公转的速度，在此之前几乎没有如此快的速度，这样的设计优势在于相比以小时作为公转速度，它更具备视觉冲击力，可以随时看到陀飞轮在"奔跑"而不是在"慢爬"。

第6章

双陀飞轮
——两轮并设 协作计时

笔者在几年前参与了海鸥双陀飞轮项目的研发，深刻体会到了复杂款陀飞轮的与众不同。双陀飞轮是一个机械手表机芯中放置了两个陀飞轮，通过差动机构既可以分解运动或动力，又可以合成运动或动力的特性，得到了来自原动系的动力，并且将各自的转动速度代数和平均后，传递给显示系。此类陀飞轮手表的技术优势是两个陀飞轮产生的计时误差经过均化后减少，使得手表的走时精度可以提升。打个简单的比喻，单陀飞轮好比一个人承担重要的任务，出现错误的概率会很大；双陀飞轮就好比两个人共同承担，互相协作，步调一致，这样使得两个人可以更好地互补不足，从而更加出色地完成任务。因此，笔者常把双陀飞轮称作"最和谐的创意"。

6.1 高珀富斯"最纠结"双陀飞轮

独立制表品牌高珀富斯 (Greubel Forsey) 很早就研发出了双陀飞轮。其实，此品牌当年最具有标志性的技术是双轴倾斜式陀飞轮，它开创了现代制表业立体旋转陀飞轮的先河。而后，又将两个双轴陀飞轮整合进入一只手表里面，通过差动机构来带动，也是非常具有标志性的技术。

6.1.1 技术特征

高珀富斯品牌由两位杰出的制表大师——罗伯特·高珀（Robert Greubel）和斯蒂芬·富斯（Stephen Forsey）于 1999 年创立。笔者对于这两位制表大师非常钦佩，找到了他们申请的几乎所有的专利技术，其中涉及了双陀飞轮差动机构。通过笔者的分析，此技术的灵感源与下页"知识链接"中所讲到的锥齿轮差动机构有着异曲同工之妙。在双陀飞轮机芯传动结构图 6-1 中，差动机构 9 包含了动力输出轮 10 和 12 以及行星齿轮 11，其中一个动力输出轮与陀飞轮的动力输入轮 22 连接（另一个没有表示出来）。图 6-2 为高珀富斯双陀飞轮差动机构效果图。

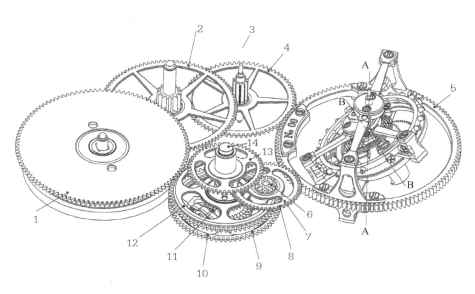

图 6-1　高珀富斯双陀飞轮结构图

1—条盒轮；2—二轮；3—主传动轮系；4—三轮；
5—双轴（A-A 轴与 B-B 轴）倾斜陀飞轮的动力输入轮；
6—跨齿轴；7—跨轮部件；8—跨轮片；9—差动机构；
10,12—动力输出轮；11—行星齿轮；13—时轮；14—分轮

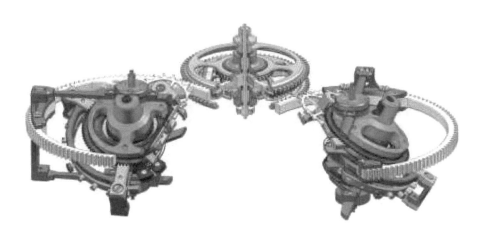

图 6-2　高珀富斯双陀飞轮差动机构效果图

—— 差动机构

首先以汽车的差速器（核心为一组差动轮系）为例来讲解一下差动机构的技术特性。汽车在转弯的时候，两侧车轮出现速度差，差速器将两侧车轮的速度分解为外侧车轮速度快，内侧车轮速度慢；汽车回到直道后，差速器再将两侧车轮的速度合成为一个速度。通过查阅诸多专利技术文献，最早被设计出来的手表用差动机构是申请于 1932 年的瑞士专利（参考专利号 CH156801A），其包含了两个非常重要的设计方案。

1. 锥齿轮差动机构

汽车差速器里面的差动轮系正是运用了锥齿轮实现的，1932 年的手表用差动机构是把差速器微缩成为机械表可以使用的差动机构。根据专利申请的年代，此技术应该被应用于怀表中，更关键的是具有两个调速系统的怀表中。发明人智慧地把差速器移植进机械表内，通过差速器的神奇特性实现了双核计时元，目的是提升表的走时精度。差动机构主要包括动力输入轮、行星支架、行星轮和动力输出轮，如图 6-3 所示。机芯通过齿轮 5 将动力传递给动力输入轮 4，与动力输入轮 4 固定为一体的行星支架 10 带动行星锥齿轮 11 自转，同时围绕动力输入轮 4 的轴心线公转。动力输出锥齿轮 6 和 8 被行星锥齿轮 11 驱动，同时分别带动了两个擒纵轮的齿轴 12 和 14，使得擒纵轮片 13 和 15 分别启动各自的调速系统开始运转。

2. 直齿轮差动机构

锥齿轮差动机构虽然沿袭了汽车差速器的原理，但是要想制作出机械表可以使用的微型锥齿轮并不是一件容易的事。发明人很了解锥齿轮的缺陷，因此设计出更容易被制作出来的直齿轮差动机构。确定了使用直齿轮后，差动机构的构成方式被重新布局。动力输入的对接方式没有变化，而与动力输入轮 4 固定为一体的是另一个动力输入轮 19，与行星轮的齿轴 20 连接。此时行星轮被设置在行星支架 17 上，而行星支架 17 也作为一个动力输出轮来使用，连接擒纵轮的齿轴 14。行星轮的轮片 21 与动力输出轮的齿轴 22 连接，动力输出轮的轮片 18 连接另一个擒纵轮的齿轴 12。动力输入轮19驱动行星轮自转，并且以其中心轴公转，行星支架17和动力输出轮片18分别得到动力驱动擒纵轮，使得对应的调速系统开始运转。

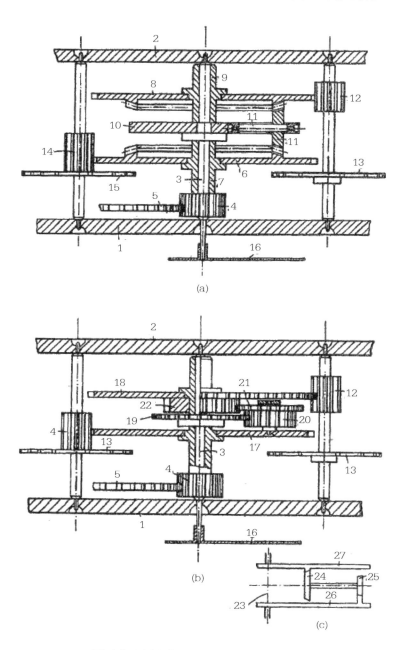

图 6-3 1932年瑞士专利的差动机构图

6.1.2 技术品鉴

独立制表品牌高珀富斯以倾斜式双轴陀飞轮表款出名，而后又推出了双体双轴倾斜式陀飞轮表款来证明了两位独立制表师的技术实力。此品牌的外观设计同样极具特色，现代感十足。图 6-4 为高珀富斯 Quadruple Tourbillon 手表。

图 6-4 高珀富斯 Quadruple Tourbillon 手表

机芯技术特征

① 机芯共有 531 个零件，63 个宝石轴承，摆轮游丝系统频率为 21600 次 / 小时。

② 高速旋转双条盒串联结构，有 50 小时动力储备。

③ 两个倾斜式双轴陀飞轮被分别安装在机芯，其中内轴陀飞轮每 60 秒旋转一周，外轴陀飞轮每 4 分钟旋转一周。

④ 中心时分针，2 点位逆跳式小秒针，2 点位能量显示功能。

外观技术特征

① 18K 红金表壳，外直径 43.5 毫米，不对称的球形蓝宝石表镜。

② 透明后盖，侧面蓝宝石视窗，后盖有手工完成的浮雕，具备 30 米防水。

③ 黑色手工缝制鳄鱼皮表带，K 金可折叠带扣。

④ 手工雕刻 "Greubel Forsey" 字样。

6.2 宝珀 "卡加陀" 双陀飞轮

2013 年巴塞尔展会上，具有悠久历史的品牌宝珀推出了一款卡罗素加陀飞轮手表，如图 6-5 所示，此款手表的创新点是首次将本品牌标志性的偏心式陀飞轮和一分钟卡罗素整合进入一只表里面，让我们可以同时见证卡罗素和陀飞轮的魅力，而更深层次的意义在于，这款作品澄清了长久以来很多人将偏心式陀飞轮误认为卡罗素的概念。此外，偏心式陀飞轮与卡罗素的整合需要什么样的结构布局，宝珀也为爱表者们提供了答案。

（a）正视图　　　　　　　　　　　（b）后视图

图 6-5　宝珀卡罗素陀飞轮手表

6.2.1　技术特征

偏心式陀飞轮位于 12 点位，一分钟卡罗素位于 6 点位，3 点位设置了实用的指针式日历，中心位置时分针显示。有一点大家肯定会疑惑：表冠为什么会被设置于 4 点位呢？从正面我们可以隐约看到与表冠相对应的一组轮系，笔者的判断那是为了调校时间而设置的。从背面可以看到，表冠的正前方是一个上条轮，它与环绕在表壳外缘的巨型内齿轮连接。我们可以清晰地看到在左上方和右上方被对称设置了两组外观一致的上条轮系——上条介轮和上条棘轮，笔者的判断是本机芯内部存在了两组完全相同的原动系分别给卡罗素和陀飞轮输送动力，同时位于 12 点位的偏心式陀飞轮和 6 点位一分钟卡罗素附近的两条传动轮系分别与各自的原动系条盒轮相连接，从而形成了两条完整的主传动轮系。还有一点不能忽略的是：在卡罗素左边 7 点位上，设置了动力显示功能。

6.2.2 技术优势

① 七日动力储存结构，每一组原动系都存在七日动力的能量，通过外围的巨型齿轮同时驱动两组上条轮系为它们上条储存能量。

② 偏心式陀飞轮和一分钟卡罗素的结构有着很大的区别，尤其是卡罗素结构相较于陀飞轮更为复杂，能把它们和谐地整合在一起稳定地工作，是很不容易的事。

③ 两条主传动链必须通过一组差动轮系连接，才可以实现显示时间的目的，虽然此差动轮系并不明显，但它肯定是存在的，其原理跟我们已经见多不怪的双体式陀飞轮没有差别——先化解了陀飞轮和卡罗素的计时误差后，再驱动显示轮系指示已平衡后的时间。

6.2.3 技术品鉴

宝珀创造性地把本品牌标志性的偏心式陀飞轮和一分钟卡罗素放置于一只表里面，最直观地将两种不同的陀飞轮结构呈献给我们，如图6-6所示。那么，两项同样效用的复杂功能被整合起来后，对于手表的精准度有没有更进一步的促进呢？在笔者看来，这种创新的设计思路除了体现"整合"的新概念外，更重要的理念仍然是达到采用新的设计思路达到提升手表计时精度的目标。

机芯技术特征

图 6-6 宝珀陀飞轮加卡罗素手表

① 宝珀手动上链2322机芯，直径35.3毫米，厚5.85毫米，共有379个零件。

② 外部上链，表冠为两个发条盒同步均等上链，具备7日动力储存。

③ 12 点位和 6 点位分别搭载偏心式飞行陀飞轮和同轴式飞行卡罗素。

④ 中心时分针，3 点位日历显示，背面 7 点位能量显示功能。

⑤ 机芯正面以镂雕手法精心刻制，内部零件的运行皆清晰可见。

⑥ 复古放射波饰雕纹漆面与表桥图案交相辉映，营造出和谐之美。

⑦ 轮板则与品牌独有的斜棱滚轮镶边齿轮相互呼应。

外观技术特征

① 表壳直径为 44.60 毫米，厚度仅为 11.94 毫米。

② 表盘低调且不失美感，搭配大明火珐琅刻度圈，5N 金罗马数字。

③ 精致鳄鱼皮表带配备柔软舒适的 Alzavel 内衬，更搭配三折搭扣。

　　笔者研发过带有双体陀飞轮的机芯，并且研究过瑞士品牌的同类型结构。要想实现连接两个陀飞轮的最终目的，就必须采用差动机构，而双体陀飞轮的差速器所起到的作用则是分配能量给两个陀飞轮，再把它们的计时结果均化后输出给显示端。宝珀这次的新作品，实际上是在双体陀飞轮的差动技术之上，为我们贡献出了又一个答案：动力源分别独立提供动力给传动轮系，最终通过独立的两条线路供给偏心式陀飞轮和一分钟卡罗素，而不是传统的从一个动力源通过差速器分配了。这样设计的优势在于动力可以稳定地输向两者，没有互相争抢的情况出现，这对机芯的计时稳定性有了很高的保证。不过这款作品不是不需要差速器了，而是将其调换到了连接两个条盒轮，也就是两条主传动链开始的位置，它把汇总到的速度值均化后传递给显示系指示时间。动力的独立性是目前瑞士品牌的设计趋势。

6.3 宝玑时针行星双陀飞轮

宝玑在几年前推出了一款很有创新意味的行星式双陀飞轮手表（据相关资料记载此手表的技术来自于一位独立制表大师）。这款手表的最大创新之处是它同时融合了行星陀飞轮和双陀飞轮两个概念的陀飞轮，也就是说此陀飞轮同时具备了差动机构和行星机构来实现双陀飞轮和行星陀飞轮完美地结合在一只机芯中，并且互相协作。笔者对于宝玑的这款陀飞轮做了将近一个月的研究，并且在理论计算和平面布局上都做到了真实再现，最终解密了这款最具有代表性的行星陀飞轮专利技术，在这里与大家分享。

6.3.1 外观特征

图 6-7 为宝玑时针行星双陀飞轮外观图。表盘面上两个陀飞轮 1、2 对称地分列两边，它们通过一根上支架 4 作为上支承，同时在其上面设置了时针 6，并且覆盖了陀飞轮 1，而陀飞轮 2 被设置了秒针 3，最中间的两个 5 代表了此机芯拥有两个原动系统作为两个陀飞轮 1 和 2 的动力源。

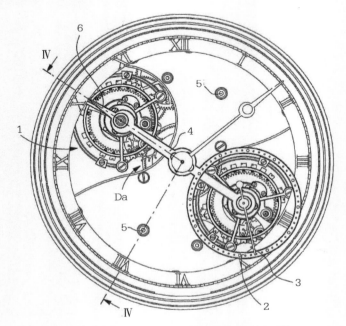

图 6-7 宝玑时针行星双陀飞轮外观图

6.3.2 技术特征

① 图 6-8 为宝玑时针式双陀飞轮主传动轮系平面图，图 6-9 为其剖视图。机芯的主传动轮系——条盒轮 7 和 8，通过中间的传动过轮为两个陀飞轮 1 和 2 提供动力，那么两条完整的传动链在条盒轮 7、陀飞轮 1 与条盒轮 8、陀飞轮 2 之间构成，并且这两条完整的传动链条随着可旋转的支架以时轮的速度公转。而将这两条看起来相对独立的传动链条完美串联起来的正是位于机芯中心位置的核心部分——行星机构。

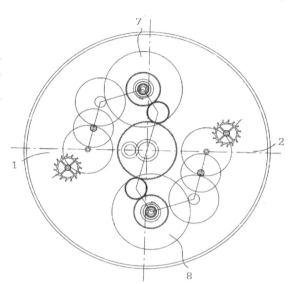

图 6-8 宝玑时针式双陀飞轮
主传动轮系平面图

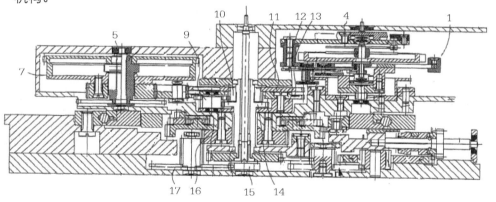

图 6-9 宝玑时针式双陀飞轮主传动轮系剖视图

②机芯的行星机构。固定不动的太阳轮 14，承载行星轮 9 的行星支架 12 以及固定于此支架的中心轮片 13，输出中心轮片 11 以及中心齿轴 10，它们组成了一套完整的行星轮系。此轮系在机芯中的关键作用是利用了两个特性：行星轮系分解运动的特性——将两个原动系 7、8 的输出动力通过此轮系均衡地输入给两条传动轮系直到两个陀飞轮 1、2，同时分别以被设计好的绝对转动速度每 1 分钟转动一周；合成运动的特性——将两个陀飞

轮 1 和 2 的计时信息通过两条传递轮系输入给位于中心的行星轮系，再通过此机构平均化以后，从而控制了旋转盘的自转速度，而旋转盘得到的速度得益于它自身的自转带动了它所承载的两条传动链，尤其是陀飞轮的自转得到的速度与以旋转盘也是机芯的中轴线为旋转轴心线公转，最后得到了旋转盘每 12 小时旋转一周的这个速度。

③ 此机芯的显示系。以时轮速度转动的齿轮 16 被固定在承载两条传动链条的旋转盘上，由于此转盘受到了两个陀飞轮 1、2 的速度控制而具备了时轮的转速，使得齿轮 16 驱动跨轮 17，带动分轮 15 形成了时间的显示。

④ 此机芯的拨针系统是个最大的亮点，其结构见图 6-10。之所以这么说，是因为前面我们已经了解到这款手表的时针与行星转盘是固定为一体的。当佩戴者想要调校时间时，转动把头驱动拨针系统，此时原先被固定不动的太阳轮 14 被驱动开始旋转，此时原先的行星机构顿时变为了差动机构，两者转换的标志是不动的太阳轮变成了可以转动的动力输入轮，承载传动链条的行星转盘连带着时针被调校，同时分针也被联动调校。太阳轮可以从不动变为可动的原因，了解手表知识的朋友大概可以联想到：摩擦机构。摩擦机构在手表内使用相当普遍，尤其是摩擦分轮机构被应用于手表当中，而宝玑这款手表根据此原理实现了行星机构到差动机构的转换，并且完美实现了时间的调校功能，此为设计大师绝对的智慧结晶。

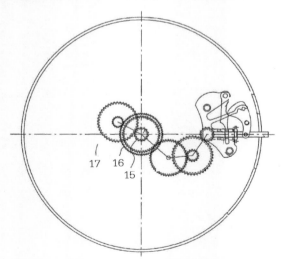

图 6-10 宝玑时针式双陀飞轮拨针系统图

⑤ 机芯的上弦系统。两个原动系都是处于运动状态，那么怎么才能上弦呢？聪明的制表大师给出了答案——采用差动机构，利用差动机构对于运动的分解与合成特性。此机构（见图 6-11 和图 6-12）的核心部分——行星支架轮 22 被设置了两个行星轮 21（两个行星轮的设置目的是为了让力传输得更加均衡），它们同时与既有内齿又有外齿的第一上弦齿轮 19 以及第二上弦齿轮 23 和 20 连接， 而第一上弦齿轮

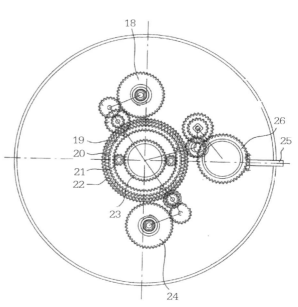

图 6-11 宝玑时针式双陀飞轮
上弦系统平面图

19 和第二上弦齿轮 23 和 20 分别再连接了两个原动系统的上弦棘轮 18 和 24。通过把头转动柄轴 25 时，上弦轮 26 将会通过中间齿轮驱动行星支架轮 22，两个行星轮 21 在行星支架轮 22 驱使下开始自转并且公转，第一上弦齿轮 19 以及第二上弦齿轮 23 和 20 被输入动力分别带动上弦棘轮 18 和 24 在同一时间为两个处于运动状态的原动系内发条卷紧储存能量。

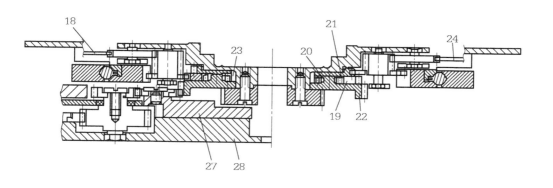

图 6-12 宝玑时针式双陀飞轮上弦系统剖视图

⑥ 此机芯设置了两个柄轴来实现机芯与外观的联动，如图 6-13 所示。由于宝玑的这款行星式双陀飞轮手表机芯分为了两层——基础层和旋转层，负责显示的轮系和拨针、上弦轮系以及它们的控制装置都被设置于基础层，旋转层设置了原动系、传动系和陀飞轮，这种机芯的设置结果是负责接受外力启动拨针系和上线系的柄轴 28 的位置过于靠近机芯底部，它与顶部的距离比例严重失衡，作出的产品外观将会很不美观。为了很好地解决这个问题，设计师想出了再增加一根柄轴 27 的方法，也就是说柄轴 27 被设置于外观表壳内相当于普通的柄轴功能接受外力，同时柄轴 27 通过齿轮 29 与处于机芯内的被设置齿轮 30 的柄轴 28 联动，这样安装把头的柄轴 27 的位置被提升了很多，使得外观的整体布局可以得到更好的比例。

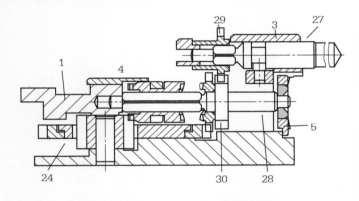

图 6-13 宝玑时针式双陀飞轮双柄轴机构图

6.3.3 技术品鉴

宝玑这款 5347PT/11/9ZU 双陀飞轮手表（如图 6-14 所示）以行星方式驱动两个陀飞轮，并且作为时针使用，非常具有新意。机芯两面被精雕细琢地展示出来，充分体现了瑞士制表业传统手工艺高超的技艺。

机芯技术特征

① 型号为 5347BR/11/9ZU 手上链机芯，共有 69 颗宝石轴承，带有宝玑上绕游丝与自动补偿摆轮的调速系统，摆动频率为 18000 次 / 小时，其中单金属宝玑摆轮，带有 4 颗黄金精密调节螺钉。

图 6-14 宝玑经典复杂系列
5347PT/11/9ZU 手表

② 手工操作微雕车床雕刻装饰底纹的中央转盘上安装了两个陀飞轮，通过一组行星轮系连接，转盘带动它们公转速度为每 12 小时旋转一周，陀飞轮自转速度为每分钟一周。

③ 机芯背面是手工雕刻的太阳系星球示意图。

外观技术特征

① 表盘的盘面镀银，18K 金制表圈，经手工操作微雕车床雕刻的装饰底纹。

② 钢制烤金宝玑指针，小时指针由连接两个陀飞轮的夹板构成。

③ 表壳为 18K 玫瑰金精制的，带凹槽边，其直径 44 毫米，厚度 17 毫米。

④ 蓝宝石水晶透视表背。

⑤ 焊接圆头表耳，螺钉杆固定表带。

⑥ 防水深度 30 米。

⑦ 棕色鳄鱼皮表带搭配 18K 玫瑰金表扣。

第 **7** 章

多轴陀飞轮
——立体旋转多维运动

随着时间的推移，越来越多的人认为陀飞轮已经失去了宝玑大师初创时的设计理念，它更多的只是代表了高级制表的工艺以及具有美感的机械动感表现力。其实，精益求精的制表师们仍然希望能够传承宝玑大师的精华并发扬光大，多轴陀飞轮就在这样的背景下应运而生。此技术革命性地突破了宝玑大师传承了200多年的陀飞轮技术，它更加体现了当代制表大师运用现代科技进行创新的能力和实力。

7.1 基本概念

多轴陀飞轮是指陀飞轮存在多个框架轴并且是串联在一起的，本质上可以说有多少根框架轴就有多少个陀飞轮被整合成为多轴陀飞轮。如果是双轴陀飞轮，那么存在内外两个陀飞轮框架和旋转轴，机芯的动力通过外框架传输入至内框架的调速机构，使得双轴陀飞轮整体开始运转起来；如果是三轴陀飞轮，相比双轴陀飞轮来说，中间又多了一层陀飞轮框架，复杂程度可想而知。将原先的单轴陀飞轮扩展成为多轴陀飞轮的目的是将手表最核心的部分——调速机构的运动方式从二维空间提升到了多维空间，其运动轨迹将会变得更加复杂，最大的优势在于陀飞轮抵消地心引力的能力被提升，多轴陀飞轮手表的走时精度也会随之被提升。

多轴陀飞轮的起源笔者没有找到准确的历史资料，通过对大量专利的检索和分析，笔者找到了一份来自于1978年英国人Anthony George的发明专利，也许它就是最早出现的多轴陀飞轮机构。从图7-1所示的原理图中可以看到，此陀飞轮具有两个轴A_1和A_2垂直交叉，动力来源于齿轮5带动外轴框架输入轮8，同时再通过齿轮10与冠齿轮9的相啮合，将动力输入给了内轴陀飞轮驱动调速机构，使得整个双轴陀飞轮运转起来，以多个角度的运动轨迹转动。该机构在理论上可以更有效地抵消由于地球引力所带来的等时性误差，从而可以相对于平面陀飞轮手表更加有效地提高走时精度，这应该是多轴陀飞轮的理论基础。

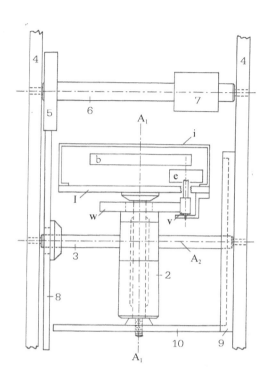

图 7-1 1978 年英国人 Anthony George
发明的双轴陀飞轮原理图

7.2 高珀富斯 "倾斜" 双轴陀飞轮

2004 年，在 Baselworld 展览会上，创立于 1999 年的高珀富斯品牌推出了具有发明专利的看家之作——倾斜式（30°）双轴陀飞轮。

7.2.1 技术特征

图 7-2 为高珀富斯倾斜式双轴陀飞轮结构图。其技术特征如下。

① 此款双轴陀飞轮是将两个平面陀飞轮串联起来联动，其旋转轴心线被 30° 设置。

② 陀飞轮的外轴框架是每 4 分钟旋转一周，内轴框架是每 1 分钟旋转一周。

③ 机芯内部的原动系将能量通过传动轮系输入给陀飞轮外轴框架的动力接收端，驱动其转动。内轴框架的动力接收端在外框架的带动下，与固定在基板上的太阳轮连接，将动力输入给内框架（行星轮系的传动原理）。

④ 陀飞轮的内轴框架是经典陀飞轮构造（宝玑大师原创的陀飞轮结构）。

⑤ 调速机构被设置于陀飞轮框架内倾斜30°，通过陀飞轮的内外两个旋转轴联动，以多个角度的复杂轨迹运动。这种设计思路在理论上可以更有效地抵消由于地球引力所带来的等时性误差，从而可以相对于平面设置调速机构的陀飞轮更加有效地提高走时精度。

图 7-2 高珀富斯倾斜式双轴陀飞轮图

7.2.2 技术品鉴

高珀富斯 Double Tourbillon Asymétrique 手表（如图7-3所示）是罗伯特·高珀和斯蒂芬·富斯第一个基础发明30°双体陀飞轮 Double

Tourbillon 30° 的全新演绎，透过不对称表壳以另一方式展现 30° 双体陀飞轮的美态。为了把 30° 双陀飞轮机芯装置于全新的表壳内，机芯结构需要作出较为彻底的重新设计。高珀富斯获得专利的 30° 双轴陀飞轮，其外层框架以倒转的方式安装，而每分钟旋转一圈的内陀飞轮框架及每 4 分钟旋转一圈的外陀飞轮框架没有变化。

图 7-3 高珀富斯 Double Tourbillon Asymétrique

机芯技术特征

① 手上链机芯共有326个零件，63 个宝石轴承，摆轮游丝系统频率为 21600 次 / 小时。

② 高速旋转双条盒串联结构，有 72 小时动力储备。

③ 内轴与外轴陀飞轮轴心线成 30° 角，内轴陀飞轮每 60 秒旋转一周，外轴陀飞轮每 4 分钟旋转一周。

④ 中心时分针，2 点位逆跳式小秒针，2 点位能量显示功能。

⑤ 机芯夹板以镍银材料制造，饰以钻孔磨砂及直纹，经手工打磨倒角及黑铬处理。

外观技术特征

① 不对称的表壳以铂金或18K 5N 红金制造，直径为 43.5 毫米，厚度为 16.13 毫米。

② 表面和表背配以不对称的蓝宝石水晶玻璃，侧面视窗镶嵌蓝宝石水晶玻璃。

③ 黄金制造的面盘由表匠精心设计，分钟环与小时环同心设置，小时环上的时标以黄金制造并加以打磨加工处理，具有对比感和立体感。

④ 黑色手工缝制鳄鱼皮表带，K 金可折叠带扣，手工雕刻 "Greubel Forsey" 字样。

7.3 芝柏"三金桥"多轴陀飞轮

芝柏品牌具有悠久的历史渊源，特别是其享誉世界表坛的三金桥陀飞轮，可以称得上是最美陀飞轮。此品牌真正崛起的标志性产品是 2008 年巴展推出的具有一定技术含金量的双轴陀飞轮。2014 年，芝柏更是推出了可以说达到陀飞轮技术顶峰的三轴陀飞轮，使得此品牌在瑞士高级制表业的地位提升了不少。

7.3.1 "三金桥"双轴陀飞轮

芝柏品牌于 2008 年 SIHH 日内瓦钟表展上推出了双轴陀飞轮表玫瑰金款，传承了本品牌最具有标志性的三金桥外观设计。其金桥的直线镂空造型的灵感来自于 19 世纪 60 年代面世的一款获得纳沙泰尔天文台颁发的"天文台表准确度竞赛"一等奖的怀表。

7.3.1.1 技术特征

芝柏"三金桥"双轴陀飞轮正视图和后视图分别如图 7-4 和图 7-5 所示。其技术特征如下。

① 此陀飞轮由 110 个零件组成，以金、钢以及钛金属制造，重量约为 0.8 克，如此轻盈的身体对于陀飞轮的运转性能是很有好处的。

② 搭载调速系统的内轴陀飞轮每 45 秒转一周，外轴每 1 分 15 秒转一周，双轴陀飞轮完整的旋转一周需要 3 分 45 秒。

③ 内轴陀飞轮采用了经典陀飞轮结构，而外轴陀飞轮的金桥框架将内轴陀飞轮"包裹"起来。外轴框架设置的两个防震器作为内轴陀飞轮的上下支承。动力的输入来自于外轴框架侧翼设置的锥齿轮，它与机芯动力输入轮系对接。

图 7-4 芝柏"三金桥"双轴陀飞轮正视图

图 7-5 芝柏"三金桥"双轴陀飞轮后视图

7.3.1.2 技术品鉴

芝柏的这款双轴立体旋转陀飞轮从外观来看很简洁，很务实，没有为了表现技术含量故意设计成很炫的构造。芝柏在此款双轴陀飞轮中的内轴陀飞轮上夹板做成了类似金桥的造型，这是此品牌一贯的做法，是对品牌基因的绝对传承。

图 7-6 为芝柏高级钟表系列 99810-52-000-BA6A-WG 手表。

图 7-6 芝柏高级钟表系列
99810-52-000-BA6A-WG 手表

机芯技术特征

① 芝柏 GPE0201 手上链机芯，28 个宝石轴承。

② 动力储备 72 小时。

③ 中心时分针，6 点位双轴陀飞轮显示。

④ 双轴陀飞轮由 110 个零件组成，内轴陀飞轮每 45 秒转一周，外轴每 1 分 15 秒转一周。

外观技术特征

① 圆形铂金表壳，直径 45 毫米，厚度 18.5 毫米。

② 蓝宝石水晶镜面与表背。

③ 铂金表冠。

④ 表背储能显示。

⑤ 黑色鳄鱼皮表带搭配18K金(白色)带扣。

⑥ 防水深度 30 米。

7.3.2 "三金桥"三轴陀飞轮

2014 年瑞士巴塞尔展会上，芝柏表继 2008 年推出双轴陀飞轮之后，再次推出了三轴陀飞轮。当笔者得知芝柏推出三轴陀飞轮之后，第一感觉是真是太巧合了，随后笔者拿其照片与笔者研发的三轴陀飞轮相对比，感觉像兄弟一样。

7.3.2.1 技术特征

图 7-7 和图 7-8 为芝柏陀飞轮机芯的正面图和背面图，其技术特征如下。

① GP09300 手动上链三轴陀飞轮机芯直径为 36.10 毫米，厚 16.83 毫米，由 317 个零件组成，提供 52 小时动力储备，拥有小时、分钟及动力储备显示功能。

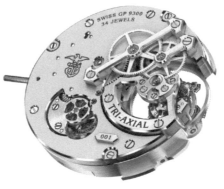

图 7-7　芝柏三轴陀飞轮机芯正面图　　图 7-8　芝柏三轴陀飞轮机芯背面图

② 三轴陀飞轮的旋转最大直径是 13.78 毫米，重量为 1.24 克，框架与传动轮系零件由钢材、钛金属以及玫瑰金制成。陀飞轮核心的摆轮游丝系统采用了螺钉摆无卡度结构，摆轮带有 16 颗黄金螺钉，其中的四方位使用了相对比较长的可调节螺钉，以改变摆轮惯量达到调校走时精度的目的。摆频为每小时 21,600 次 (3 赫兹)。

③ 三轴陀飞轮沿三个框架轴转动，其中内框架轴每分钟旋转一圈，中间框架轴每 30 秒旋转一圈，最外面的框架轴每 2 分钟转一圈。

④ 三轴陀飞轮（其构造如图 7-9 所示）由相互之间联动的内轴陀飞轮、中间轴陀飞轮以及外轴陀飞轮构成。内轴陀飞轮与中间轴陀飞轮之间设置了动力输入齿轮组，三轴陀飞轮图中标示的三个齿轮构成了垂直连接模式。中间陀飞轮与外轴陀飞轮也设置了动力输入齿轮组，由一个小齿轮和一个环被固定在机芯夹板上的巨型齿环构成垂直连接模式。隶属于外轴动力输入齿轮组的小齿轮被设置在中间轴陀飞轮框架上。隶属于中间轴动力输入齿轮组、垂直放置的锥齿轮被设置在外轴陀飞轮框架上，而其余两个齿轮被设置在中间轴陀飞轮框架上。

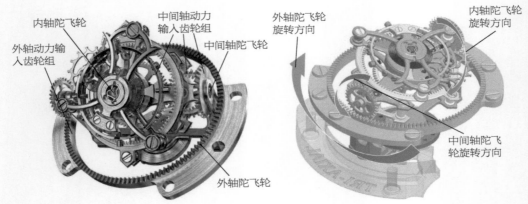

内轴陀飞轮

外轴动力输
入齿轮组

中间轴动力
输入齿轮组

中间轴陀飞轮

外轴陀飞轮
旋转方向

内轴陀飞轮
旋转方向

中间轴陀飞
轮旋转方向

外轴陀飞轮

图 7-9 芝柏三轴陀飞轮构造　　　　图 7-10 芝柏三轴陀飞轮工作原理图

　　⑤ 三轴陀飞轮的工作原理（如图 7-10 所示）是机芯的动力输入给外轴
陀飞轮驱动端，外轴陀飞轮框架旋转，外轴动力输入齿轮组被启动。由于
中间轴陀飞轮框架轴的两端支承是设置在外轴陀飞轮框架上，小齿轮被带
动自转的同时围绕巨型齿环公转。中间轴陀飞轮翻滚旋转，中间轴动力输
入齿轮组被启动，两个锥齿轮垂直传动，并且将动力传递至内轴陀飞轮动
力输入端。至此，三轴陀飞轮的动力传递过程结束，装载于内轴陀飞轮的
调速机构得到能量后运转起来。

7.3.2.2 技术品鉴

　　芝柏的三轴陀飞轮沿袭了双轴陀飞
轮简洁构造的特点，当然芝柏基因金桥
造型的小夹板是不可缺少的。图 7-11~
图 7-13 所示的此款三轴陀飞轮手表从
外观的精心设计，到内在机芯的结构布
局，都令人称道，特别是陀飞轮三个轴
的速度比是非常具有技术含量的。

图 7-11 芝柏高级钟表系列
99815-52-251-BA6A 手表

图 7-12　芝柏三轴陀飞轮手表侧面图

图 7-13　芝柏三轴陀飞轮手表背面图

机芯技术特征

① 芝柏 GP09300 手上链机芯，直径为 36.10 毫米，厚 16.83 毫米。

② 机芯共有 317 个零件，34 个宝石轴承。

③ 动力储备 52 小时。

④ 表盘 2 点位时分针显示，4 点位动力储存显示，9 点位三轴陀飞轮显示。

⑤ 三轴陀飞轮的内框架轴每 60 秒旋转一周，中间框架轴每 30 秒旋转一周，最外面的框架轴每 2 分钟转一周。

⑥ 摆轮游丝系统的振动频率是 21600 次 / 小时。

外观技术特征

① 直径 48 毫米玫瑰金表壳，炭灰色表盘，防眩水晶玻璃表镜。

② 1 点半银色小时盘有巴黎小钉装饰并配上玫瑰金数字及时标。小时盘围上玫瑰金框，黑色表盘边缘有白色分钟数字，玫瑰金太子妃指针经倒角及镂空处理。

③ 6 点位弧形动显刻度显示，11 点位金色 GP 芝柏表标志，表盘上圆圈与弧线布局独具匠心，灰色部分的纹理有如日本枯山水庭园。

TIPS： 日本枯山水庭园的理念来自禅宗道义，使用一些如常绿树、苔藓、沙、砾石等静止、不变的元素，营造枯山水庭园。园内几乎不使用任何开花植物，以期达到自我修行的目的。岩石、耙制的沙砾和自发生长与荫蔽处的一块块苔地，便是典型的、流行至今的日本枯山水庭园的主要构成要素。

④ 表壳侧 9 点位置镶拱面玻璃片，从另一角度透视陀飞轮机芯的运作。表壳侧镶防眩拱面水晶玻璃片，透视陀飞轮机芯结构。

⑤ 表背的老鹰印记是 1897 年以来芝柏表的象征标志，三金桥陀飞轮箭头形夹板的金属牌刻有手表编号，而机芯背面同样可见箭头形金桥夹板。

⑥ 陀飞轮框架保留七弦琴般的造型，与 19 世纪以来 GP 芝柏陀飞轮怀表的设计相呼应。

⑦ 蓝宝石水晶表镜，18K 玫瑰金表冠。

⑧ 黑色鳄鱼皮表带，18K 玫瑰金折叠扣。

⑨ 防水深度 30 米。

芝柏的"三金桥"陀飞轮作为最美陀飞轮被传为佳话。而当芝柏先后推出了双轴陀飞轮和三轴陀飞轮之后，笔者发现品牌的 DNA 原来可以如此完美地展现出来。对比芝柏的金桥平面单轴、立体双轴、立体三轴陀飞轮，可以发现，从陀飞轮框架的造型到支承架都有金桥的影子，这就是传承。而从三者递进式的技术进化来说，芝柏在稳步前行，特别是其多轴陀飞轮的结构尤其务实，简洁实用，不那么花哨，实现了功能即可。这样做的好处是结构简化，使得多轴联动起来可以更加灵活自如，尽可能减少了潜在的传动阻力，提升了动力利用率。

7.4 积家 "球形" 陀飞轮

　　积家 (Jaeger LeCoultre) 最早是由安东尼·拉考脱 (Antoine LeCoultre)1833 年在瑞士成立,目前隶属瑞士历峰集团。1844 年,安东尼·拉考脱发明了测量精度达到 1/1000 毫米的微米仪,使钟表零件加工精度大大提高。积家在 1907 年推出了世界上最薄的机械机芯,在 1929 年推出了世界上最小的机械机芯。积家 1931 年专为马球选手所推出的手表是高档手表中罕见的经典之作。

7.4.1 "球形" 陀飞轮 1 号

　　2004 年,积家的制表大师巧妙地将传统与创新相结合,充分利用现有技术,创造出球形陀飞轮 1 号(Gyrotourbillon 1)(如图 7-14 和图 7-15 所示),搭载于全新的 177 型机芯中。积家球形陀飞轮是制表师埃里克·考德雷 (Eric Coudray) 和积家设计师马加利·米特莱勒 (Magali Metrailler) 合作的产物。Eric Coudray 后来的作品是机芯中所有的零件都呈垂直排列的 Cabestan Winch Vertical 陀飞轮手表,而 Magali Metrailler 则是积家多款经典手表 (如 Maser Compressor) 的主力设计师,后来将球形陀飞轮做进积家 Reverso 系列,也是她的创举。

图 7-14 积家球形陀飞轮 1 号前视图

图 7-15 积家球形陀飞轮 1 号后视图

7.4.1.1 技术特征

① 球形陀飞轮 1 号由 112 枚零件所组成，总重仅有 0.336 克。此陀飞轮的外框架使用铝合金制作，内框架使用铝合金与钛合金打造。由于铝合金的密度很低，采用五轴微型数控机床制造的外框架仅重 0.035 克，如果改为精钢打造，其重量可达 0.11 克。铝合金的优势在于此种材料的密度、强度、稳定度与抗腐蚀性能非常出色，常被用于航空工业。对于陀飞轮而言，铝合金也是理想的材质。

② 球形陀飞轮 1 号的内框架（如图 7-16 所示）旋转速度为每 24 秒旋转 1 周，外框架旋转速度为每 1 分钟旋转一周。内框架内的摆轮游丝系统振动频率为 21600 次 / 小时，摆轮采用 14K 金打造，游丝采用了传统的宝玑式上绕游丝，并且使用了无卡度技术，同时摆轮上所设置的砝码也是由 14K 金制作。内框架所搭载的陀飞轮结构采用了较为罕见的垂直式构造（此类设置方式的另一个实例是沛纳海具有专利技术的垂直式翻转陀飞轮），此类陀飞轮的技术特征是框架轴与摆轮轴垂直设置，擒纵轮与秒轮的平面连接关系被改造为垂直连接关系，这样设置使得秒轮和擒纵轮的齿形从直

图 7-16 积家球形陀飞轮 1 号内框架图

齿变为锥齿。

③ 球形陀飞轮 1 号在防震方面考虑得很周到，它的摆轮轴被设置了两个防震器（这属于正常配置），而内框架轴和外框架轴（如图 7-17 和图 7-18 所示）的两端支承都被分别设置了防震器，使得球形陀飞轮整体一共被设置了六个防震器，大大加强了抵抗外在震动的能力。此外，此陀飞轮被倾斜 37° 设置于机芯内，目的在于让用户更好地欣赏球形陀飞轮极富动感的机械运转之美。图 7-19 为积家球形陀飞轮 1 号结构效果图。

图 7-17 积家球形陀飞轮
1 号外框架图 1

图 7-18 积家球形陀飞轮
1 号外框架图 2

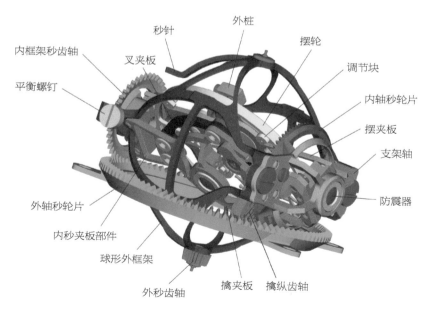

图 7-19 积家球形陀飞轮 1 号结构效果图

7.4.1.2 技术品鉴

积家的球形陀飞轮，更准确地说是双轴立体垂直式陀飞轮。从外观方面来讲，此款陀飞轮的外轴框架被加工成球形，这是非常具有创意的设计，当然也得益于数控技术的进步。从内在的机芯技术来说，两个陀飞轮旋转轴的速度为十几秒和一分钟，这样的比值在同类手表中也是佼佼者。

图 7-20 为积家 Gyrotourbillon 1 球形陀飞轮 600.64.2H 手表。

机芯技术特征

① 积家 Calibre177 型手动上链机芯，由 679 个零件组成，全手工制造与装饰。

② 机芯共有 112 颗宝石轴承，厚度为 11.32 毫米。

③ 球体形陀飞轮的框架由铝合金制成，零件数为 100 个，外框架的旋转速度为每 60 秒自转一周，内框架为每 18.75 秒自转一周。

④ 摆轮游丝系统为无卡度砝码式结构，蓝钢宝玑式末端曲线游丝，14K 金双微调螺钉，振动频率为 21600 次 / 小时。

⑤ 串联式双发条盒，动力储存 192 小时。

图 7-20 积家 Gyrotourbillon 1 球形陀飞轮 600.64.2H 手表

外观技术特征

① 圆形铂金两件套表壳，倾斜表圈，弯曲表耳，直径 43 毫米，厚度 15.3 毫米。

② 灰色银质和磨砂蓝宝石表盘。

③ 蓝宝石水晶表镜，透明表背由 4 颗螺钉固定。

④ 12 点位时分针与太阳时显示。

⑤ 万年历功能，12 点位递跳日历，8 点位月份显示。

⑥ 4 点位 8 日动力储备显示。

⑦ 蓝钢巴顿 (baton) 指针。

⑧ 950 铂金表冠。

⑨ 镜面双面经防眩光处理。

⑩ 黑色短吻鳄鱼皮表带，搭配 950 铂金折叠式表扣。

⑪ 防水深度 50 米。

7.4.2 "球形"陀飞轮 2 号

继 2004 年推出震惊表坛的球形陀飞轮 Gyrotourbillon 1 手表之后，积家于 2008 年选择 Reverso 翻转手表系列的可翻转式表壳来承载这款尖端科技的创新杰作——球形陀飞轮 2 号 Gyrotourbillon 2（如图 7-21 和图 7-22 所示），搭载于全新的 174 型机芯中，其最大的亮点是配置了末端曲线圆柱形游丝，从而创造了有史以来第一只配备圆柱形游丝的手表。

图 7-21 积家球形陀飞轮 2 号前视图　　图 7-22 积家球形陀飞轮 2 号后视图

7.4.2.1 技术特征

① 球形陀飞轮 2 号的核心特征是英国制表师约翰·阿诺德（John Arnold）发明的末端曲线圆柱形游丝（于 1782 年申请了专利）。这项发明的调节能力相比于传统的扁平游丝优势明显，可以保证游丝稳定且完全等时地运行，但是由于此种游丝的制作过程极为繁复，而且需要高难度的微型机械工艺，应用于手表难度相当大，所以过去只用于制作航海计时仪和大型怀表。积家的制表大师将其运用于球形陀飞轮中呈现出崭新的概念，最关键的是为此款手表的高计时精度提供了保障，同时为了加强其视觉上的诱惑力，圆柱形被热涂层处理，使其带有蓝钢色泽，如图 7-23 所示。

图 7-23 积家球形陀飞轮
2 号蓝色柱状游丝

图 7-24 积家球形陀飞轮
2 号砝码式无卡度摆轮游丝系统

② 球形陀飞轮 2 号的摆轮游丝系统振动频率从 1 号的 21600 次／小时提升为 28800 次／小时，摆轮仍然采用 14K 金打造，游丝采用前文所述的蓝色末端曲线圆柱形游丝，并且使用了 14K 金可调节砝码摆轮的无卡度技术（如图 7-24 所示）。根据计时原理，频率的提升对于保证手表的计时精度是个很有效果的措施。

③ 球形陀飞轮 2 号的内框架旋转速度从每 24 秒旋转一周提升为每 18.75 秒旋转一周，而外框架旋转速度仍然保持为每 60 秒旋转一周，这样的设置正好与前文的摆轮游丝系统振动频率提升保持一致，频率提高了，内轴陀飞轮必然会以更快的速度转动。图 7-25 为积家球形陀飞轮 2 号结构效果图。

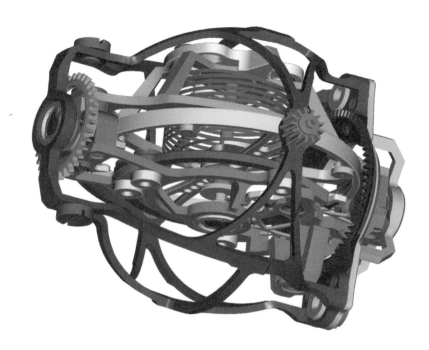

图 7-25 积家球形陀飞轮 2 号结构效果图

7.4.2.2 技术品鉴

积家球形陀飞轮发展到第二代，其主要看点有两个，一个是球形陀飞轮被放置于积家最经典的翻转款手表中，另一个是柱状游丝被应用在球形陀飞轮中。

图 7-26 为积家 Reverso Gyrotourbillon 2 手表。

机芯技术特征

① 积家 Calibre 174 型手动上链机芯，由 371 个零件组成，全手工制造与装饰，动力储存 50 小时。

② 机芯共有 58 颗宝石轴承，厚度为 11.25 毫米。

③ 球体形陀飞轮的框架由铝合金制成，零件数为 100 个，外框架的旋转速度为每 60 秒自转一周，内框架为每 18.75 秒自转一周。

④ 摆轮游丝系统为无卡度砝码式结构（摆轮圈上特别使用金质惯性调节装置），振动频率为 28800 次 / 小时。

⑤ 德国银材质制造的机芯主夹板，均以手工装饰打磨。

图 7-26 积家
Reverso Gyrotourbillon 2 手表

外观技术特征

① 由 950 铂金制作的可翻转式表壳，由 50 多个零件组成，尺寸为 36 毫米 ×55 毫米 ×15.8 毫米。

② 蓝宝石水晶针盘上，两根烧制的蓝钢指针指示时间，面盘左边为精致雕纹齿轮的 24 小时制时间指示。

③ 12 点位小时与分针显示，设于球形陀飞轮框架的秒针显示。

④ 单根指针在机芯背面扇形指示出动力储备。

⑤ 铂金表冠作为上链和调校时间使用。

⑥ 配有防止表壳意外打开的保险螺栓。

⑦ 防水深度为 30 米。

⑧ 鳄鱼皮表带搭配铂金折叠式表扣。

7.4.3 "球形"陀飞轮 3 号

2013 年适逢积家成立 180 周年，积家表厂推出了 Master Grande Tradition Gyrotourbillon 3 Jubilée 超卓球形陀飞轮 3 号大师系列纪念手表，该款手表为 Hybris Mechanica 大型复杂功能系列的第 10 项杰作，而球形陀飞轮 3 号（如图 7-27 和图 7-28 所示）搭载于 176 型机芯中。

图 7-27 积家球形陀飞轮 3 号前视图

图 7-28 积家球形陀飞轮 3 号后视图

7.4.3.1 技术特征

① 球形陀飞轮 3 号的核心特征之一是陀飞轮的支承方式从前两代的经典陀飞轮机构（此类陀飞轮结构的特点是整体框架带有上下两个支承轴与固定于夹板的支架相互配合形成两端支承）改造为飞行陀飞轮机构（此类陀飞轮结构的特点是整体框架只是带有下支承轴与固定于夹板的滚珠轴承相互配合形成单端支承），目的很明显，就是为了更好地表现积家球形陀飞轮立体动态的非凡魅力。

图 7-29 积家球形陀飞轮
3 号蓝色球状游丝

② 球形陀飞轮 3 号的核心特征之二是继球形陀飞轮 2 号的圆柱形游丝之后，积家的制表大师又研发出了球形游丝（如图 7-29 所示），它配备两个末端曲线，确保了机芯更为卓越的计时性能。此外，14K 金摆轮也被处理成蓝色，使得摆轮游丝系统整体在运作当中彰显出迷人的蓝色诱惑。

7.4.3.2 技术品鉴

积家球形陀飞轮发展到了第三代，其技术已经非常成熟。如图 7-30 所示的 Master Grande Tradition 系列 Q5036420 手表在外观方面有所突破，特别是前两代采用经典式陀飞轮结构的球形陀飞轮被改进成为飞行球形陀飞轮。这样设计的主要目的是为了去掉前两代作为球形陀飞轮上支承的支架，把球形陀飞轮的完美"舞姿"充分地展现出来。此外，球形游丝的加入更是让人有耳目一新的感觉，令人不得不佩服积家制表师深厚的技术功底。

机芯技术特征

① 积家 Calibre 176 型手动上链机芯，由 679 个零件组成，全手工制造与装饰。

② 机芯共有 117 颗宝石轴承，厚度为 11.32 毫米。

③ 6 点位球形陀飞轮，框架由铝合金制成，零件数为 100 个，外框架的旋转速度为每 60 秒自转一周，内框架为每 24 秒自转一周。

④ 9 点位瞬时数显计时器，小秒针显示。

⑤ 经发蓝处理的 14K 金摆轮，配备两个末端曲线的球形游丝。

⑥ 摆轮游丝系统为无卡度砝码式结构，其振动频率为 21600 次 / 小时。

⑦ 动力储存 192 小时。

图 7-30 积家 Master Grande Tradition 系列 Q5036420 手表

外观技术特征

① 950 铂金圆形表壳，直径 43.5 毫米，厚度 15.5 毫米。

② 小时与分钟显示盘采用传统镀银珠光装饰，更显别致。

③ 新型太子妃式指针与构成时计的其他元素完美搭配，相得宜彰。

④ 传统的镀铑阳光形饰纹表盘令计时显示更为清晰易读，昼 / 夜显示盘则加盖印记。

⑤ 9 点位小秒针显示，0 ~ 60 的经典刻度环加以 10 位数显示，令时间更清晰易读。

⑥ 瞬时计时盘由两个大视窗组成，并列位于 9 点钟位置。

⑦ 蓝宝石水晶表镜。

⑧ 950 铂金表冠。

⑨ 深蓝色短吻鳄鱼皮表带，搭配 950 铂金折叠式表扣。

⑩ 铂金折叠表扣拥有一个可调节长度的装置，该装置可根据温度或湿度的变化将调整精确到毫米，以保证任何情况下均舒适合身。

⑪ 防水深度为 50 米。

　　2004 ~ 2013 年，积家推出球形陀飞轮近十年，此技术已经从它的诞生期历经成长期而逐步进入了成熟期，球形陀飞轮已经无可争议地成为积家品牌标志性的创新兼具艺术性技术。

　　积家在陀飞轮方面的造诣是很高的。就拿球形陀飞轮来讲，它的整体机构设计理念很值得琢磨，只不过其球形框架笔者到目前为止都不知道是如何制造出来的。2015 年，积家在日内瓦手表展上又推出了倾斜式双轴柱状游丝陀飞轮，并且被搭载于积家主推的双翼系统机芯中更值得关注。

参考文献 ....

[1] 郭峻彰 . 陀飞轮大全辑 . 汕头：汕头大学出版社 .2006.

[2] 沈振军 . 陀飞轮技术的历史与展望 . 国际手表杂志，2006（19），70–79.

[3] 容光文 . 机械计时仪器 . 天津：天津大学出版社 .1982.

[4] 申永胜 . 机械原理教程 . 北京：清华大学出版社 .1999.

[5] Charles-Andre Reymondin，et al. The Theory of Horology.
Bern:Swiss Federation of Technical Colleges,1999.

....